I0479681

Origini della vita

evoluzione e coscienza

alla luce della

legge della sintropia

Ulisse Di Corpo & Antonella Vannini

ISBN: 9781673499971

www.sintropia.it

INDICE

INTRODUZIONE

Diversi scienziati ritengono che senza una legge simmetrica all'entropia, la vita rimarrà un mistero. Il paleontologo evoluzionista Teilhard de Chardin ha scritto:

> "*Ridotto alla sua essenza, il problema della vita può essere espresso in questo modo: accettando i due principi di conservazione dell'energia e dell'entropia, come possiamo assimilare senza contraddizione, una terza legge universale (che è espressa dalla biologia), quella dell'organizzazione di energia? ... la situazione diventa chiara quando consideriamo, alla base della cosmologia, l'esistenza di una sorta di anti-entropia ... In altre parole, non solo un tipo di energia, ma due diverse energie; due energie che non possono trasformarsi direttamente l'una nell'altra, perché operano a livelli diversi ... Il comportamento di queste due energie è così completamente diverso e le loro manifestazioni così completamente irriducibili che potremmo credere che appartengano a due modi completamente indipendenti di spiegare il mondo. Eppure, poiché l'uno e l'altro si trovano nello stesso universo e si evolvono contemporaneamente, deve esserci una relazione segreta.*"[1]

Allo stesso modo, Albert Szent-Gyorgyi, Premio Nobel per la fisiologia nel 1937 e scopritore della vitamina C, scrisse:

> "*È impossibile spiegare le qualità di organizzazione e ordine dei sistemi viventi a partire dalle leggi entropiche del macrocosmo. Questo è uno dei paradossi della biologia moderna: le proprietà dei sistemi viventi si contrappongono alla legge dell'entropia che governa il macrocosmo ... Una delle principali differenze tra le amebe e gli umani è l'aumento della complessità che presuppone l'esistenza di un meccanismo in grado di contrastare la legge dell'entropia. In altre parole, deve*

---

[1] Teilhard de Chardin P. 1955, *The Phenomenon of Man*,
www.amazon.it/dp/0061632651

esserci una forza in grado di contrastare la tendenza universale della materia verso il caos e la morte termica. La vita mostra continuamente una diminuzione nell'entropia e un aumento della sua complessità e della complessità dell'ambiente, in diretta opposizione alla legge dell'entropia ... Osserviamo una profonda differenza tra i sistemi organici e inorganici ... come uomo di scienza non posso credere che le leggi della fisica perdano la loro validità non appena entriamo nei sistemi viventi. La legge dell'entropia non governa i sistemi viventi."[2]

Nella seconda metà degli anni '30, un gruppo di professori italiani venne invitato in Brasile per avviare la Facoltà di Matematica e Fisica dell'Università Statale di San Paolo.

Luigi Fantappiè trascorse 6 anni a San Paolo, dal 1934 al 1939. Poco dopo il suo ritorno a Roma intuì la possibilità di interpretare i potenziali anticipati dell'equazione delle onde come una nuova categoria di fenomeni, totalmente diversi da quelli entropici che rispondono al principio di causalità. Chiamò questi fenomeni sintropici. Li poteva vedere nei sistemi viventi.

Sebbene Fantappiè fosse tra i matematici più quotati del secolo scorso, le proprietà finalistiche della sintropia furono considerate al di fuori della scienza.

Nel 1977 Ulisse Di Corpo formulò di nuovo la teoria della sintropia partendo dall'equazione energia-momento-massa della relatività speciale e nel 2010 Antonella Vannini ha fornito la prova sperimentale.

---

[2] Szent-Gyorgyi A. 1977, *Drive in Living Matter to Perfect Itself*, Synthesis, 1(1): 14-26.

SINTROPIA

La nozione di energia deriva dal fatto che i sistemi fisici possiedono una quantità che può essere trasformata in una forza. Nonostante sia usata e studiata, Feynman osserva che *"è importante rendersi conto che in fisica non abbiamo alcuna idea di cosa sia l'energia."*[3]

La relazione energia-massa $E=mc^2$ che tutti associamo a Einstein, fu pubblicata per la prima volta da Oliver Heaviside nel 1892[4], quindi da Henri Poincaré nel 1900[5] e da Olinto De Pretto nel 1904[6]. Olinto De Pretto la presentò al *Reale Istituto Veneto di Scienze* in un saggio con prefazione dell'astronomo e senatore Giovanni Schiaparelli. Sembra che questa equazione abbia raggiunto Einstein attraverso il padre Hermann, responsabile dei sistemi di illuminazione di Verona che, in qualità di direttore della *"Privilegiata Impresa Elettrica Einstein"*, aveva frequenti contatti con la Fonderia De Pretto che produceva le turbine per l'elettricità.

Tuttavia, la $E=mc^2$ non tiene conto della quantità di moto, il momento, che è anch'esso una forma di energia, e nel 1905 Einstein aggiunse il momento (p), ottenendo così l'equazione energia-momento-massa ($E^2=m^2c^4+p^2c^2$). Poiché l'energia è al quadrato (E^2) e nel momento (p) c'è il tempo, la radice quadrata porta a due soluzioni: energia a tempo negativo ed energia a tempo positivo. L'energia a tempo positivo implica causalità, mentre l'energia a tempo negativo implica retrocausalità: il futuro che agisce a ritroso sul passato. Ciò venne considerato impossibile e per risolvere questo paradosso Einstein rimosse il momento dall'equazione, dato che è praticamente

---

[3] Feynman R. 1964, *The Feynman Lectures on Physics*, vol. 1 chapter 4: http://www.feynmanlectures.caltech.edu/I_04.html

[4] Heavside O. 1892, *On Operators*, in Physical Mathematics, 52:504–29.

[5] Poincaré H. 1900, Arch. néerland. sci. 2, 5:252-278.

[6] De Pretto O. 1904, Lettere ed Arti, LXIII, II, 439-500, Reale Istituto Veneto di Scienze: www.cartesio-episteme.net/st/mem-depr-vf.htm

uguale a zero rispetto alla velocità della luce (c). In questo modo tornò alla $E=mc^2$.

Nel 1924 venne scoperto lo spin degli elettroni, un momento angolare, una rotazione dell'elettrone su se stesso ad una velocità prossima a quella della luce. Poiché questa velocità non può essere considerata uguale a zero, nella meccanica quantistica l'equazione energia-momento-massa deve essere utilizzata con la sua scomoda duplice soluzione. La prima equazione che combinava la relatività e la meccanica quantistica fu formulata nel 1926 da Oskar Klein e Walter Gordon e ha due soluzioni: onde anticipate e onde ritardate. Le onde anticipate vennero respinte, poiché implicano la retrocausalità. La seconda equazione, formulata nel 1928 da Paul Dirac, ha anch'essa due soluzioni: elettroni e neg-elettroni (ora chiamati positroni).

Tuttavia, la retrocausalità era stata considerata inaccettabile e la soluzione a ritroso nel tempo venne dichiarata impossibile.

Luigi Fantappiè, nato a Viterbo il 15 settembre 1901, laureato in matematica pura all'età di 21 anni presso la Normale di Pisa, divenne professore ordinario all'età di 27 anni. Noto e apprezzato dai fisici, nel 1950 fu invitato da Oppenheimer a diventare membro dell'Istituto di Studi Avanzati di Princeton per lavorare direttamente con Einstein.[7]

Come matematico Fantappiè non poteva accettare che metà delle soluzioni delle equazioni fondamentali fossero state respinte. Mentre elencava le proprietà delle onde anticipate e ritardate, Fantappiè scoprì che le onde che si propagano in avanti nel tempo sono governate dalla legge dell'entropia, mentre quelle che si propagano all'indietro nel tempo sono governate da una legge complementare che chiamò *sintropia*, unendo le parole greche *syn* che significa convergere e *tropos* che significa tendenza.

Elencando le proprietà matematiche della sintropia Fantappiè trovò concentrazione di energia, aumento della differenziazione, complessità e strutture: le proprietà misteriose della vita!

---

[7] Oppenheimer R. 1950, *Invitation letter sent to Luigi Fantappiè*, http://www.sintropia.it/Oppenheimer.pdf

Nel 1944 pubblicò il libro *"Principi di una Teoria Unitaria del Mondo Fisico e Biologico"* [8] in cui delineava una Teoria unitaria del mondo fisico e biologico, dove il mondo fisico è governato dalla legge dell'entropia e della causalità, mentre quello biologico è governato dalla legge della sintropia e della retrocausalità.

Dal momento che non possiamo vedere il futuro, la soluzione a tempo negativo suggerisce che oltre alla realtà entropica visibile, esiste anche una realtà sintropica invisibile e, poiché la prima legge della termodinamica afferma che l'energia è un'unità che non può essere creata o distrutta ma solo trasformata, la duplice soluzione dell'energia suggerisce che l'entropia e la sintropia sono i due aspetti complementari della stessa unità.

Entropia e sintropia, una visibile e l'altra invisibile, una divergente e l'altra convergente, interagiscono costantemente dando luogo alla dualità delle manifestazioni della realtà: emettitori e assorbitori, particelle e onde, materia e antimateria, ecc.

È importante sottolineare la differenza tra sintropia e neghentropia: la neghentropia non tiene conto della direzione del tempo e considera solo il tempo classico, che scorre in avanti.

Fantappiè non riuscì a fornire le prove sperimentali a sostegno della sua teoria, in quanto il metodo sperimentale richiede la manipolazione delle cause prima di osservarne gli effetti. Tuttavia, sono adesso disponibili generatori di eventi casuali (REG, dall'inglese Random Event Generators). I sistemi REG consentono di eseguire esperimenti in cui le cause vengono manipolate dopo l'osservazione dei loro effetti: nel futuro. [9]

Nel 2010 Antonella Vannini ha formulato la seguente ipotesi operativa: *"poiché la vita è alimentata dalla sintropia e la sintropia si propaga all'indietro nel tempo, i parametri del sistema nervoso autonomo che sostiene le*

---

[8] Fantappiè L. 1944, *Principi di una teoria unitaria del mondo fisico e biologico.* Humanitas Nova, Roma: www.amazon.it/dp/B07RYVS89S

[9] Shoup R. 2006, *Physics without causality, theory and evidence*, American Institute of Physics (AIP) Conference Proceedings, pdfs.semanticscholar.org/4a43/652086a3bacddd63d5bb9da2d2588aeeee2e.pdf

funzioni vitali devono reagire in anticipo a stimoli futuri." In altre parole, l'ipotesi di lavoro era la seguente: *"La frequenza cardiaca e la conduttanza cutanea dovrebbero reagire in anticipo a stimoli futuri."*[10]

Numerosi esperimenti confermano questa ipotesi:

- Nel 1997 Dean Radin dell'IONS (Institute of Noetic Sciences), ha misurato la frequenza cardiaca, la conduttanza cutanea e la pressione sanguigna in soggetti a cui venivano presentate immagini bianche per 5 secondi seguite da immagini che, sulla base di un generatore di eventi casuali, potevano essere neutre o a contenuto emotivo. I risultati hanno mostrato una significativa attivazione dei parametri del sistema nervoso autonomo, prima della presentazione di immagini a contenuto emotivo.[11]

- Nel 2003, Spottiswoode e May, del Cognitive Science Laboratory, hanno replicato questo esperimento eseguendo una serie di controlli per studiare possibili artefatti e spiegazioni alternative. I risultati hanno confermato quelli già ottenuti da Radin.[12]

- Risultati simili sono stati ottenuti da altri autori, come ad esempio McCarthy, Atkinson e Bradley[13], Schlitz e Radin[14] e May, Paulinyi

---

[10] Vannini A. and Di Corpo U. 2010, *Collapse of the Wave Function? Pre-Stimuli Heart Rate Differences*, Neuroquantology, 8(4): 550-563:
www.neuroquantology.com/data-cms/articles/20191024041120pm310.pdf

[11] Radin D.I. 1997, *Unconscious perception of future emotions: An experiment in presentiment*, Journal of Scientific Exploration, 11(2): 163-180:
deanradin.com/articles/1997%20presentiment.pdf

[12] Spottiswoode P. and May E. 2003, *Skin Conductance Prestimulus Response: Analyses, Artifacts and a Pilot Study*, Journal of Scientific Exploration, 17(4): 617-41: pdfs.semanticscholar.org/4043/2bc0a6b83f717dca2349b189ebdcbe7b3df9.pdf

[13] McCarthy R., Atkinson M., and Bradely R.T. 2004, *Electrophysiological Evidence of Intuition: Part 1*, Journal of Alternative and Complementary Medicine; 2004, 10(1): 133-143: https://www.ncbi.nlm.nih.gov/pubmed/15025887

[14] Schiltz M.J. and Radin D.I. 2005, *Gut feelings, intuition, and emotions: An exploratory study*, Journal of Alternative and Complementary Medicine, 11(4):85-91: www.ncbi.nlm.nih.gov/pubmed/15750366

e Vassy[15], usando sempre i parametri del sistema nervoso autonomo.

- Nel 2011 Daryl Bem, psicologo e professore alla Cornell University, ha descritto nove esperimenti classici in psicologia, condotti in modalità retrocausale al fine di ottenere gli effetti prima piuttosto che dopo gli stimoli.[16] Ad esempio, in un esperimento di *priming*, al soggetto viene chiesto di giudicare se l'immagine è positiva (piacevole) o negativa (spiacevole) premendo un pulsante il più rapidamente possibile. Il tempo di reazione viene registrato. Poco prima dell'immagine positiva o negativa, viene presentato brevemente un *"prime"*, sotto la soglia percettiva in modo che non sia percepibile a livello cosciente. È stato osservato che i soggetti tendono a rispondere più rapidamente quando il *prime* è congruente con l'immagine che segue, sia positiva o negativa, mentre le reazioni diventano più lente quando non sono congruenti, ad esempio quando il *prime* è positivo mentre l'immagine è negativa. Negli esperimenti di *retro-priming*, il *prime* viene mostrato dopo, piuttosto che prima che il soggetto risponda, in base all'ipotesi che questa procedura "inversa" possa influenzare retrocausalmente il tempo di reazione. Gli esperimenti sono stati condotti su oltre un migliaio di soggetti e hanno mostrato effetti retrocausali con significatività statistica di $p<1.34 \times 10^{11}$, una possibilità su 134.000.000.000 di sbagliare quando si afferma l'esistenza dell'effetto retrocausale.

Antonio Damasio e Antoine Bechara, studiando pazienti neurologici affetti da deficit decisionali, hanno scoperto che i

---

[15] May E.C., Paulinyi T. and Vassy Z. 2005, *Anomalous Anticipatory Skin Conductance Response to Acoustic Stimuli: Experimental Results and Speculation about a Mechanism*, The Journal of Alternative and Complementary Medicine, 11(4):695-702: www.ncbi.nlm.nih.gov/pubmed/16131294

[16] Bem D. 2011, *Feeling the future: Experimental evidence for anomalous retroactive influences on cognition and affect*, Journal of Personality and Social Psychology, 100(3): 407-25, pdfs.semanticscholar.org/79ec/e4f787af713d82924e41d8c17ab130f4b22d.pdf .

sentimenti associati al sistema nervoso autonomo svolgono un ruolo importante nell'operare scelte vantaggiose, senza dover produrre valutazioni vantaggiose e che i deficit decisionali sono sempre accompagnati da alterazioni nella capacità di percepire questi vissuti interiori. Damasio ha notato che l'assenza di sentimenti porta all'incapacità di *sentire il futuro* e di scegliere vantaggiosamente e ha suggerito che i sistemi orientati al futuro, mossi da finalità, utilizzano i sentimenti, segnali corporei provenienti dal sistema nervoso autonomo che Damasio chiamò *marcatori somatici.*[17]

Bechara, uno studente che seguiva un corso di specializzazione nel laboratorio di Damasio, ideò un compito per testare l'ipotesi di Damasio.[18] I soggetti venivano fatti sedere di fronte ad un tavolo sul quale c'erano 4 mazzi di carte, ognuno contrassegnato da una lettera diversa: A, B, C e D. Ai soggetti venivano dati 2.000 dollari (falsi, ma perfettamente simili ai soldi veri) e gli veniva detto che lo scopo del gioco era di perdere il meno possibile e provare a vincere il più possibile.

Il gioco consisteva nel girare le carte, una alla volta, da uno qualsiasi dei mazzi. Ogni carta era associata a un guadagno o una perdita di denaro. Solo quando una carta veniva girata era possibile sapere quanto si era guadagnato o perso. I soggetti iniziavano a testare ciascuno dei mazzi, alla ricerca di indizi e regolarità. I mazzi A e B davano guadagni elevati, ma portavano a perdite maggiori, mentre i mazzi C e D davano guadagni bassi, ma portavano ad aumentare il proprio denaro. I giocatori sviluppavano gradualmente la consapevolezza che i mazzi A e B erano pericolosi. Sia nei soggetti normali che in quelli con deficit decisionali si osservava una reazioni nella conduttanza cutanea ogni volta che, dopo aver girato una carta, ricevevano una vincita o una perdita. Tuttavia, nei soggetti normali, dopo aver girato un certo

---

[17] Damasio A.R. 1994, *Descarte's Error. Emotion, Reason, and the Human Brain,* Putnam Publishing, https://www.amazon.it/dp/B00AFY2XVK
[18] Bechara A., Damasio H., Tranel D. and Damasio A.R. 2005, *The Iowa Gambling Task and the somatic marker hypothesis: some questions and answers,* Trends in Cog. Sciences, 9:4, web.stanford.edu/~jlmcc/papers/BecharaEtAl05_TiCS.pdf

numero di carte, succedeva qualcosa di particolare. Poco prima di scegliere una carta da un mazzo pericoloso (A o B) si osservava una reazione della conduttanza cutanea che aumentava col procedere del gioco.

Damasio interpretò questa reazione come dovuta ad un effetto apprendimento. Il soggetto apprende gradualmente il possibile esito negativo di ciascun mazzo e prima che venga scelta una carta il sistema nervoso autonomo informa attraverso l'attivazione di vissuti interiori che si possono misurare usando la conduttanza cutanea. I pazienti con deficit decisionale non mostrano questa reazione anticipata della conduttanza cutanea e scelgono in modo disastroso.

- Metodologia e risultati

Antonella Vannini ha ideato un disegno sperimentale che consente di distinguere tra l'effetto apprendimento di Damasio e l'effetto retrocausale di Fantappiè. Una descrizione dettagliata degli esperimenti è disponibile in *"Retrocausalità: esperimenti e teoria"*.[19] In questa sezione verrà fornito un riassunto.

Le prove sperimentali erano divise in 3 fasi:

- *Fase 1,* nella quale 4 stimoli venivano visualizzati uno dopo l'altro sullo schermo del computer. Il soggetto doveva osservare questi stimoli e durante la loro presentazione la frequenza cardiaca veniva misurata.

- *Fase 2,* in cui veniva visualizzata un'immagine con i 4 stimoli e il soggetto doveva cercare d'indovinare quello che il computer avrebbe selezionato.

---

[19] Vannini A. and Di Corpo U. 2011, *Retrocausality: experiments and theory,* ISBN: 9781520275956, www.amazon.com/dp/1520275951

- *Fase 3,* in cui il computer selezionava casualmente lo stimolo target e lo mostrava a tutto schermo.

Questo disegno sperimentale permette di studiare assieme l'ipotesi retrocausale di Fantappiè e l'ipotesi apprendimento di Damasio:

- *Effetto retrocausale.* Le differenze nelle frequenze cardiache osservate nella fase 1, in associazione con i target selezionati dal computer nella fase 3, possono essere attribuite unicamente ad un effetto retrocausale.
- *Effetto apprendimento.* Le differenze nelle frequenze cardiache osservate nella fase 1, in associazione con la scelta operata dal soggetto nella fase 2, possono essere interpretate come effetto apprendimento.

Sono stati condotti quattro esperimenti: il primo per valutare l'effetto retrocausale, il secondo e il terzo per studiare possibili artefatti e spiegazioni alternative, il quarto per studiare l'interazione tra effetto apprendimento ed effetto retrocausale.

- Esperimento n. 1

Nel progettare i primi esperimenti sono stati testati diversi stimoli: barre nere posizionate orizzontalmente, verticalmente e diagonalmente su uno sfondo bianco e altri tipi di stimoli. Le analisi dei dati non mostravano però differenze significative tra le frequenze cardiache misurate nella fase 1 e lo stimolo selezionato dal computer. L'ipotesi è stata quindi analizzata in modo più approfondito e si è visto che la teoria ipotizza che la retrocausalità sia mediata da emozioni/sentimenti e, quindi, al fine di valutare le differenze delle frequenze cardiache misurate nella fase 1, gli stimoli nella fase 3 devono suscitare emozioni. Si è quindi deciso di utilizzare i colori. Utilizzando i 4 colori elementari (blu, verde, rosso e giallo) sono iniziate ad apparire forti differenze nelle frequenze cardiache nella fase 1 in concomitanza con il colore target mostrato nella fase 3.

Le prove sperimentali erano le seguenti.

- *Fase di presentazione*: i colori venivano mostrati per 4 secondi ciascuno. Il primo era blu, il secondo verde, il terzo rosso e il quarto giallo. Al soggetto veniva chiesto di guardare i colori. Per ogni colore venivano salvate 4 misurazioni della frequenza cardiaca: una al secondo. La presentazione del colore era sincronizzata con la misurazione della frequenza cardiaca. Se necessario, la sincronizzazione si ristabiliva mostrando un'immagine bianca prima della presentazione del primo colore nella fase 1. Il dispositivo per la misurazione della frequenza cardiaca non richiedeva alcun tipo di supervisione. I soggetti erano perciò lasciati soli durante l'esperimento.
- *Fase di scelta*: al termine della fase di presentazione veniva mostrata un'immagine con 4 barre colorate (blu, verde, rosso e giallo) e al soggetto veniva chiesto di cercare di indovinare il colore target che il computer avrebbe selezionato nella fase 3.
- *Fase si selezione casuale del target*: non appena il soggetto sceglieva con il mouse il colore, il computer selezionava casualmente il colore target e lo mostrava a tutto schermo.

Nel primo esperimento ogni soggetto ripeteva la prova sperimentale 60 volte. Ciò consentiva di calcolare i valori di significatività statistica all'interno di ogni soggetto, che risultarono essere significativi per quasi tutti i 30 soggetti coinvolti nell'esperimento. Ma quando l'analisi veniva condotta sommando assieme tutti i soggetti, l'effetto retrocausale scompariva. Ciò era dovuto al fatto che la direzione dell'effetto era diversa tra i soggetti. Mentre in alcuni soggetti la frequenza cardiaca aumentava quando il colore target era rosso, in altri diminuiva e questi effetti opposti si annullavano a vicenda. Si è quindi deciso di condurre l'analisi dei dati utilizzando i valori assoluti degli scostamenti, ciò consentiva di utilizzare i test statistici parametrici come ANOVA e t di Student, e soglie per i test non parametrici come il Chi Quadrato. Lavorando in questo modo i risultati sono diventati statisticamente significativi per il campione nel suo insieme e si è riscontrato che le tecniche non parametriche tendono a produrre risultati più robusti ed affidabili in quanto non risentono dei valori estremi. Ciò viene descritto nel libro *"La metodologia delle variazioni concomitanti"*.[20]

- Esperimento n. 2

Ad Antonella Vannini è stato chiesto di studiare se l'effetto retrocausale emergeva solo quando la sequenza dei colori nella fase 1 era blu, verde, rosso e giallo o se era indipendente da questa sequenza. Sono stati utilizzati cinque disegni sperimentali con diverse sequenze di colori e numeri. In tutti questi disegni sperimentali l'effetto retrocausale emergeva in modo fortemente significativo.

Alla Vannini è stato chiesto di fornire risposte su possibili errori causati da variabili intervenienti, gruppi non omogenei, errori di misura, analisi statistiche e manipolazione dei dati. Vannini ha sottolineato che:

- L'esperimento è progettato in modo tale che l'unico elemento che differisce è il colore selezionato dal computer nella fase 3. Non esistono altri elementi che potrebbero correlarsi alla condizione target o non target del colore.

- In questo esperimento al posto del gruppo sperimentale e di controllo viene utilizzato un unico gruppo. Poiché il campione è il medesimo per stimoli target e non target, le misurazioni non possono essere state effettuate in modo diverso.

---

[20] Di Corpo U. and Vannini A. 2011, *La Metodologia delle Variazioni Concomitanti*, www.amazon.it/dp/B07T8651S5

- La misurazione delle frequenze cardiache viene eseguita nello stesso identico modo per target e non target. Di conseguenza, nessun errore sistematico di misurazione può esistere tra target e non target.

- Le analisi dei dati statistici sono state eseguite utilizzando tecniche parametriche e non parametriche. È emerso che i valori estremi possono costituire artefatti e questo è il motivo per cui le tecniche non-parametriche risultano più affidabili.

- Esperimento n. 3

Un'altra obiezione era che l'effetto poteva essere dovuto ad un effetto "parapsicologico" in avanti nel tempo: l'aspettativa del soggetto poteva interferire con l'elettronica del computer determinando la selezione casuale degli stimoli target nella fase 3.

Per controllare questa possibilità, il terzo esperimento mostrava casualmente i colori nella fase 3. Quando il colore target non veniva mostrato si utilizzava il colore grigio. I risultati hanno mostrato che solo quando veniva mostrato il colore target le differenze risultavano statisticamente significative, quando il colore target veniva selezionato dal computer, ma non mostrato, le differenze scomparivano e non erano significative.

Inoltre, è stato notato che l'effetto si propaga all'indietro in modo continuo. Non si associa solo al colore che sarà selezionato dal computer, come sostenuto da Tressoldi nel campo della parapsicologia.[21]

Un altro controllo che è stato eseguito era di generare in parallelo selezioni casuali dei colori target che non venivano mostrate ai soggetti.

---

[21] Tressoldi P.E., Martinelli M., Massaccesi S. and Sartori L. 2005, *Heart Rate Differences between Targets and Nontargets in Intuitive Tasks*, Human Physiology, 31(6): 646–50, www.patriziotressoldi.it/cmssimpled/uploads/includes/HP05.pdf

Nessuna di queste selezioni era correlata alle differenze nelle frequenze cardiache osservate nella fase 1.

- Esperimento n. 4

Per studiare l'effetto apprendimento, sono state modificate le probabilità associate alla selezione del colore target nella fase 4: un colore aveva una probabilità del 35% di essere selezionato (colore fortunato), uno aveva una probabilità del 15% (colore sfortunato) e gli altri due colori avevano una probabilità del 25% (colori neutri). I soggetti non sapevano che i colori avevano diverse probabilità di essere selezionati.

Sono state formulate le seguenti ipotesi:

- *Ipotesi retrocausale*: differenze nelle misure della frequenza cardiaca nella fase 1 in associazione con i colori target (fase 3) venivano interpretate come effetti retrocausali, considerando il fatto che la selezione dei colori target avviene nella fase 3 e le frequenze cardiache vengono misurate nella fase 1.

- *Ipotesi apprendimento*: secondo Damasio e Bechara l'effetto apprendimento porta a differenze delle frequenza cardiache misurate nella fase 1 in associazione con la scelta (fortunata o sfortunata) operata dal soggetto nella fase 2; queste differenze dovevano aumentare nel corso dell'esperimento.

- *Interazione tra effetti retrocausale e di apprendimento*: l'effetto retrocausale e l'effetto di apprendimento condividono gli stessi marcatori somatici e sono quindi entrambi valutati attraverso le frequenze cardiache. L'ipotesi è che all'inizio dell'esperimento sia possibile rilevare solo l'effetto retrocausale, quindi l'effetto di apprendimento inizia a svilupparsi e disturba l'effetto retrocausale che diminuisce. Alla fine, gli effetti retrocausali e di apprendimento si separano e possono essere rilevati. L'indizio di

14

una possibile interazione era emerso durante la fase di sviluppo del software. I soggetti coinvolti nei primi 3 esperimenti avevano descritto una sensazione *farfalla* nello stomaco in associazione con la scelta degli stimoli target, mentre i soggetti coinvolti nello sviluppo del software dell'ultimo esperimento non hanno riportato la sensazione *farfalla* e l'effetto retrocausale emergeva in modo meno intenso. Questo fatto ha suggerito che l'effetto apprendimento potesse disturbare l'effetto retrocausale.

I risultati sono riassunti nella seguente tabella.

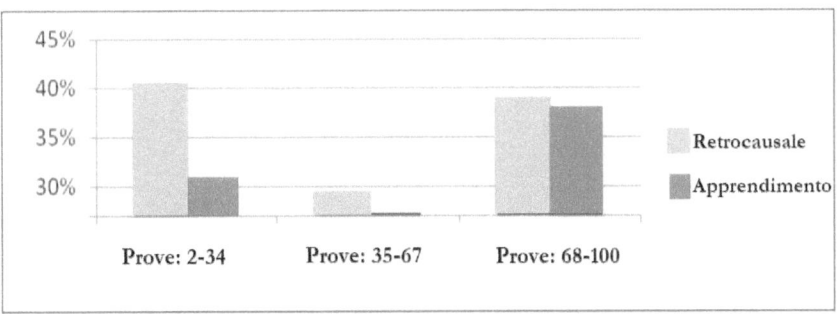

Rappresentazione grafica delle risposte anticipate della frequenza cardiaca, statisticamente significative. I risultati sono significativi al di sopra della soglia del 27%.

Nel grafico si vede che l'effetto retrocausale è forte a partire dalle prime 33 prove, mentre l'effetto apprendimento stava appena emergendo. Nelle prove intermedie gli effetti apprendimento e retrocausale diminuiscono e nelle ultime 33 prove entrambi gli effetti emergono nuovamente.

Questi risultati suggeriscono che quando l'effetto apprendimento inizia ad emergere entra in conflitto con l'effetto retrocausale, poiché entrambi utilizzano marcatori somatici simili. Nell'ultima parte dell'esperimento questa interferenza diminuisce ed entrambi gli effetti emergono di nuovo.

In tutti e quattro gli esperimenti si nota che anche se le differenze delle frequenze cardiache sono forti, questa conoscenza *"intuitiva"* non si traduce, se non marginalmente, in conoscenza razionale e in un maggior numero di risposte corrette.

ORIGINE DELLA VITA

- Biogenesi e abiogenesi?

La prima domanda sulla vita che da sempre ha impegnato la fantasia dell'uomo è la seguente: *Come può essersi sviluppata la vita da molecole che non sono viventi?* A questa domanda gli antichi greci rispondevano affermando che la vita si genera spontaneamente dalla materia inorganica per effetto della dea *Gaia*. Questa ipotesi venne riformulata dai latini come *generatio spontanea* e dalla scienza contemporanea come *abiogenesi*. Alcune tappe dell'ipotesi abiogenetica sono le seguenti:

- Nel 1668 il fisico italiano Francesco Redi (1626-1697) mostrò, sperimentalmente, che le forme più complesse di vita non possono originare spontaneamente dalla materia inorganica e confutò così, almeno in parte, l'ipotesi della generazione spontanea. Tuttavia la dimostrazione di Francesco Redi era limitata alle forme complesse e l'idea della generazione spontanea venne perciò ristretta alle forme organiche semplici: i microbi.
- Nel 1745 John Needham (1713-1781) mostrò che il brodo di pollo sterilizzato, inserito in un contenitore sterile, portava alla formazione di microbi. Questa dimostrazione diede nuovo impulso all'ipotesi della generazione spontanea.
- Nel 1768 Lazzaro Spallanzani (1729-1799) replicò gli esperimenti di Needham, rimuovendo l'aria dal contenitore sterile, e giungendo così alla dimostrazione che non si osserva alcuna generazione spontanea di microbi.
- Verso la metà del XIX secolo, la discussione raggiunse dimensioni tali da portare l'Accademia Francese delle Scienze a destinare un premio per colui che fosse stato in grado di rispondere, in modo convincente e con esperimenti esatti, alla domanda sulla generazione spontanea. Il premio fu vinto nel 1864 da Louis Pasteur (1822-1895) che, con una serie di brillanti esperimenti simili a quelli condotti da Needham e Spallanzani, dimostrò che i microrganismi non si sviluppano

spontaneamente in contenitori sterili. Nella sua pubblicazione del 1862 egli riuscì anche a spiegare le fonti di errore e i malintesi dei suoi predecessori e concorrenti. Pasteur riassunse i suoi risultati nella frase latina: *omne vivum ex vivo*, ad indicare che la vita può essere generata solo da materia organica, vivente. L'ipotesi abiogenetica venne ristretta ulteriormente a condizioni speciali che avrebbero caratterizzato la Terra primordiale.

- Nel 1924, Alexander Oparin (1894-1980) pubblicò in lingua russa un lavoro dal titolo *Le origini della vita*[22] in cui, partendo dalle scoperte sulle caratteristiche dei colloidi (soluzioni di grosse molecole con caratteristiche simili ai collanti), suggeriva che la capacità dei colloidi di legare sostanze alla superficie indicasse un inizio di metabolismo (Oparin, 1924). Il suo libro termina con la frase: "*Il lavoro è già molto avanzato e presto le ultime barriere fra l'animato e l'inanimato cadranno sotto l'attacco di un lavoro paziente e di potenti pensieri scientifici*". Nel 1938 venne pubblicata la versione inglese del lavoro di Oparin che ebbe un ampio riscontro di pubblico e influenzò numerosi ricercatori.

- Nel 1952 Harold Urey (1893-1981) coniò il termine cosmochimica per indicare lo studio degli elementi chimici sulla Terra e nelle stelle durante la loro evoluzione. Nel libro del 1952 *The Planets: Their Origin and Development*[23] (I pianeti: loro origini e sviluppo) Urey ipotizza che la composizione dell'atmosfera terrestre primordiale fosse analoga a quella degli elementi del cosmo: 90% in atomi di idrogeno, 9% in atomi di elio, 1% in atomi di altri elementi. Da ciò dedusse che la composizione dell'atmosfera primordiale dovesse essere fatta di metano (CH_4), ammoniaca (NH_3), azoto (N_2), acqua (H_2O) e idrogeno (H_2).

- Nel 1953 Stanley Miller (1930-2007) pubblicò l'articolo *A Production of Amino Acids Under Possible Primitive Earth Conditions.*[24] Miller, studente di Urey, dimostrò che in un'atmosfera primordiale, in presenza di acqua e sotto l'azione di scariche elettriche (che simulavano l'azione dei fulmini) potevano generarsi amminoacidi, ovvero i mattoni fondamentali delle

---

[22] Oparin A. 1924, *The Origin of life*, www.uv.es/orilife/textos/The%20Origin%20of%20Life.pdf
[23] Urey H. 1952, *The Planets: Their Origin and Development*. Yale Univ. Press.
[24] Miller S.L. 1953, *A Production of Amino Acids Under Possible Primitive Earth Conditions*, Science, May 15.

proteine. Nel suo esperimento basato su apparati sterili, Miller inseriva gas quali metano (CH_4), ammoniaca (NH_3) e acqua (H_2O). Questo sistema conteneva acqua e due elettrodi. L'esperimento era diviso in cicli nei quali l'acqua veniva scaldata per indurre la formazione di vapore acqueo, gli elettrodi venivano utilizzati per produrre scariche elettriche simili ai fulmini e il tutto veniva poi raffreddato per consentire all'acqua di condensarsi. A questo punto iniziava un nuovo ciclo. Dopo circa una settimana ininterrotta in cui le condizioni erano mantenute costanti, Miller osservò che circa il 15% del carbonio era andato a formare composti organici, tra cui alcuni amminoacidi. L'idea di Miller era che questi amminoacidi di sintesi potessero diventare i mattoni per la costruzione delle proteine. Miller diede un impulso decisivo alla ricerca sperimentale dell'origine abiotica della vita. Negli esperimenti di Miller si formava una miscela acquosa contenente vari prodotti che venivano poi isolati dimostrando l'esistenza, dopo un trattamento di estrazione a base di idrolisi con acido cloridrico, di amminoacidi, fra i quali alcuni di quelli presenti negli esseri viventi. Questa miscela acquosa venne chiamata da Miller *"brodo primordiale"*. Miller ha dato un impulso decisivo alla ricerca sperimentale sulle origini abiotiche della vita.

- In che modo le molecole, essenziali per la vita, si sono formate dagli aminoacidi?

Gli aminoacidi sono i mattoni della vita, ma non sono considerati forme viventi. Gli esperimenti di Miller hanno dato origine a una serie di altri esperimenti, che vengono ancora condotti nel tentativo di dimostrare la possibilità di costruire molecole organiche complesse a partire dagli aminoacidi. Questi esperimenti mirano a descrivere come le proteine possano formarsi spontaneamente a partire dagli aminoacidi. I risultati sono però stati molto problematici.

Le proteine coinvolte nel metabolismo delle cellule sono composte da catene che comprendono più di 90 aminoacidi. Semplici calcoli combinatori mostrano che oltre 10^{600} (uno seguito da 600 zeri) permutazioni sono necessarie per combinare per effetto del caso gli aminoacidi in una sola proteina "spontanea".[25] Questo numero è superiore a tutte le combinazioni spontanee possibili nell'intera storia dell'universo, a partire dal Big Bang.

In un lavoro pubblicato su American Scientist, Walter Elsasser[26] mostra che nei 13-15 miliardi di anni del nostro Universo non più di 10^{106} eventi si sono verificati (considerando anche il livello dei nanosecondi). Di conseguenza, qualsiasi evento che richieda un valore combinatorio superiore a 10^{106} è semplicemente impossibile nel nostro universo.

Il numero 10^{600} è di gran lunga maggiore di tutte le possibili combinazioni causali nella storia dell'intero Universo. In altre parole, la possibilità che solo una proteina si sia formata per effetto del caso è nulla. Elsasser conclude:

"la nozione di caso in biologia non ha basi logiche ... il suo uso per spiegare la vita è nella migliore delle ipotesi metaforico, ma c'è il pericolo che questa metafora possa portare l'attenzione nella direzione sbagliata."

In altre parole, la possibilità che una sola proteina si sia formata per effetto del caso è nulla.

Inoltre, i brodi primordiali sono costituiti principalmente da acqua; ma l'acqua porta alla decomposizione delle macromolecole e rende impossibile la formazione di amminoacidi nelle fasi iniziali della formazione delle proteine. Nel 2004, Luke Leman e collaboratori dello Scripps Research Institute e Leslie Orgel del Salk Institute for Biological Studies[27], hanno ottenuto peptidi (catene corte di amminoacidi) usando soluzioni di amminoacidi, COS (un gas vulcanico) e catalizzatori a base di solfuri metallici. Ma usando questo processo non è chiaro da dove provengano gli aminoacidi, poiché

---

[25] Fantappiè L. 1993, *Conferenze Scelte*, Di Renzo, Roma.
[26] Elsasser W.M. 1969, *A causal phenomena in physics and biology: A case for reconstruction*. American Scientist, 57: 502-16.
[27] Leman L. (2004), Orgel L and Ghadiri MR, *Carbonyl Sulfide-Mediated Prebiotic Formation of Peptides*, Science 8 October 2004: 306 (5694), 283-286, DOI: 10.1126/science.1102722

questi richiedono un ambiente totalmente diverso che non si basa sull'acqua.

Un'altra proposta è che gli amminoacidi, che si formano nell'acqua, si concentrano in lagune che periodicamente si seccano e si condensano sotto l'influenza del calore che crea anche i legami chimici responsabili dell'unione degli amminoacidi (legame peptidico).

I processi di sintesi hanno permesso di produrre 13 dei 20 aminoacidi coinvolti nella costruzione delle proteine. Oltre a questi, vengono generati migliaia di altri aminoacidi, che non sono presenti negli organismi viventi.

Se fosse possibile selezionare e combinare solo gli amminoacidi presenti nei sistemi viventi (la probabilità è uguale a zero), il risultato sarebbe tridimensionale e non lineare, come quelli presenti nelle catene proteiche della vita. Le combinazioni tridimensionali (note come proteinoidi) sono inadeguate al metabolismo delle cellule perché non possono essere codificate da un codice genetico lineare. Pertanto, i proteinoidi non hanno alcun valore nella formazione e nello sviluppo della vita.

La vita, per come la conosciamo, dipende totalmente dagli aminoacidi levogiri, mentre la sintesi degli aminoacidi porta alla formazione di un numero uguale di catene destrogire e levogire. La produzione di proteine nei laboratori non è quindi adatta alla formazione di organismi viventi.

I processi di sintesi per la costruzione di catene proteiche portano alla formazione di molecole monofunzionali che bloccano le estremità delle catene, rendendole inaccessibili per ulteriori estensioni. La presenza di molecole monofunzionali è quindi un impedimento cruciale allo sviluppo di catene più lunghe, cioè di proteine.

In tutti gli approcci sperimentali, oltre agli amminoacidi desiderati, si formano un gran numero di altre sostanze, che impediscono i passaggi successivi.

Gli esperimenti di Miller costituiscono un importante primo passo verso la sintesi delle molecole che sono necessarie per la vita, ma hanno anche portato a un vicolo cieco. La produzione sintetica di proteine richiede complesse procedure di isolamento e purificazione che non si verificano spontaneamente in natura e si basano su ipotesi, modelli e progetti che derivano dallo studio dei sistemi viventi. Questi modelli implicano ipotesi teoriche sulla relazione tra materia inanimata e vita, che sono definite dalle varie e fondamentali caratteristiche degli organismi scoperti grazie all'osservazione, come l'assunzione di sostanze ed energia dall'ambiente, il metabolismo, la riproduzione, la crescita, la mobilità, la reazione agli stimoli, l'elaborazione delle informazioni.

Tutte queste caratteristiche consentono di elencare diversi aspetti della vita. Ad esempio, la descrizione delle strutture molecolari consente di comprendere le caratteristiche fisiche degli organismi e dei processi biochimici, ma ciò considera solo alcuni aspetti delle manifestazioni della vita. Lo stesso accade con la definizione usata in esobiologia, secondo la quale la vita è un sistema chimico capace di evolversi e riprodursi.

Lo sviluppo di modelli che descrivono la transizione tra materia inanimata e vita è legato alla definizione di vita che è data da questi modelli teorici. La vasta e affascinante conoscenza sviluppata studiando i dettagli e le reciproche interazioni di molecole e macromolecole, coinvolte nella creazione di organismi viventi (proteine, DNA), non ha ancora risolto il mistero della "vita".

Conosciamo la vita solo in relazione ai componenti materiali, ma sappiamo anche che le macromolecole di DNA possono svolgere le loro funzioni solo all'interno della complessità altamente strutturata di una cellula. Questa complessità è un prerequisito per la vita e ciò richiede un approccio che tenga conto della totalità, dal momento che la singola caratteristica non avrebbe possibilità di successo.

L'equazione energia-momento-massa implica tre tipi di tempo:

- *Tempo causale:* quando i sistemi divergono, come nel caso del nostro universo in espansione, prevale la soluzione a tempo positivo, l'entropia domina, le cause precedono sempre i loro effetti e il tempo scorre in avanti, dal passato al futuro. Poiché l'entropia domina, non sono possibili effetti retrocausali, come onde luminose che si propagano all'indietro nel tempo o segnali radio che vengono ricevuti prima di essere trasmessi.

- *Tempo retrocausale:* quando i sistemi convergono, come nel caso dei buchi neri, prevale la soluzione a tempo negativo, domina la retrocausalità, gli effetti precedono sempre le cause e il tempo scorre all'indietro, dal futuro al passato. In questi sistemi non sono possibili effetti in avanti ed è per questo che non viene emessa luce dai buchi neri.

- *Tempo supercausale*: quando le forze divergenti e convergenti sono bilanciate, come accade negli atomi e nella meccanica quantistica, la causalità e la retrocausalità coesistono e il tempo è unitario.

Questi tipi di tempo richiamano l'antica divisione greca in: Kronos, Kairos e Aion.

- *Kronos* descrive il tempo causale sequenziale, che ci è familiare, fatto di momenti assoluti che scorrono dal passato al futuro.

- *Kairos* descrive il tempo retrocausale. Secondo Pitagora, il kairos è alla base delle intuizioni, della capacità di sentire il futuro e di scegliere le opzioni più vantaggiose.

- *Aion* descrive il tempo supercausale, in cui convivono passato, presente e futuro. Il tempo della meccanica quantistica, del mondo subatomico.

23

Questa classificazione suggerisce che la sintropia e l'entropia coesistono a livello quantistico, cioè nell'Aion, e che la vita ha origine a questo livello.

Sorge una domanda:

"In che modo la sintropia fluisce dal livello quantistico della materia al livello macroscopico della nostra realtà fisica, trasformando la materia inorganica in materia organica?"

Nel 1925 Wolfgang Pauli scoprì il legame idrogeno. Nelle molecole d'acqua, gli atomi di idrogeno si trovano in una posizione intermedia tra i livelli subatomico (quantistico) e molecolare (macrocosmo) e forniscono un ponte che consente alla sintropia (forze coesive) di fluire dal micro al macro. I legami idrogeno aumentano le forze coesive (sintropia) e rendono l'acqua diversa da tutti gli altri liquidi. A causa di queste forze coesive, dieci volte più forti delle forze di van der Waals che tengono insieme gli altri liquidi, l'acqua mostra proprietà anormale. Ad esempio, quando si solidifica si espande e galleggia; al contrario, gli altri liquidi diventano più densi, più pesanti e affondano. L'unicità dell'acqua deriva dalle proprietà coesive della sintropia che consentono la formazione di reti e strutture su larga scala.[28]

I legami idrogeno consentono alla sintropia di fluire dal livello subatomico a quello del macrocosmo. Per questo motivo l'acqua è essenziale per la vita. L'acqua è la linfa che trasporta l'energia vitale, l'elemento essenziale per la manifestazione di qualsiasi struttura biologica.

L'acqua non è l'unica molecola con legami idrogeno. Anche l'ammoniaca e l'acido fluoridrico formano legami idrogeno e queste molecole mostrano proprietà anomale simili all'acqua. Tuttavia, l'acqua produce un numero maggiore di legami idrogeno e questo determina le elevate proprietà coesive dell'acqua in grado di legare le molecole in reti estese e dinamiche.

---

[28] Ball P. 1999, H2O. *A biography of water*, www.amazon.it/dp/0753810921

Altre molecole che formano legami idrogeno non riescono a costruire reti e strutture complesse nello spazio. I legami idrogeno impongono vincoli strutturali estremamente insoliti per un liquido. Un esempio di questi vincoli è fornito dai cristalli di neve. Tuttavia, quando l'acqua congela, il meccanismo del legame idrogeno si interrompe e anche il flusso di sintropia dal micro al macro si blocca, portando la vita alla morte.

I legami idrogeno rendono l'acqua essenziale per la vita, fornendo sintropia ai sistemi viventi. L'acqua attinge la sintropia dal livello quantistico ed è indispensabile per l'origine e l'evoluzione di qualsiasi struttura biologica.

Sulla base di queste considerazioni, nel febbraio 2011, abbiamo scritto un articolo per il Journal of Cosmology di commento ad un articolo del dott. Richard Hoover[29] del Marshall Space Flight Center della NASA. Il dottor Hoover aveva scoperto microfossili, simili a cianobatteri, nelle sezioni interne dei meteoriti delle comete e, usando la microscopia elettronica e una serie di altre misure, ha concluso che avevano avuto origine da queste meteore, cioè nelle comete.

Secondo la sintropia, la vita è una legge generale dell'universo che richiede la presenza dell'acqua per manifestarsi. Una caratteristica delle comete è che sono ricche di ghiaccio che, in prossimità del Sole, si scioglie e diventa acqua; quindi nel nostro articolo[30] abbiamo suggerito che, secondo la sintropia, gli organismi viventi possono originare in condizioni estreme, come quelle delle comete, e che la scoperta del dott. Hoover di microfossili di cianobatteri nei meteoriti delle comete è coerente con la teoria della sintropia.

In altre parole, la sintropia considera la vita una legge dell'universo che si manifesta sul piano fisico grazie all'acqua.

[29] HOOVER R. 2001, *Fossils of Cyanobacteria in CI1 Carbonaceous Meteorites*, Journal of Cosmology, journalofcosmology.com/Life100.html
[30] VANNINI A. and DI CORPO U. 2011, *Extraterrestrial Life, Syntropy and Water, Journal of Cosmology*, journalofcosmology.com/Life101.html#18

L'equazione energia-momento-massa suggerisce che il presente può essere descritto come il punto d'incontro di cause che agiscono dal passato (causalità) e attrattori che agiscono dal futuro (retrocausalità).

La causalità richiede che per aumentare l'effetto si debba aumentare la causa. Ciò è dovuto al fatto che la causalità diverge e tende a disperdersi. Al contrario con gli attrattori l'effetto viene amplificato. Più piccola è la causa, più questa viene amplificata e maggiore è l'effetto.

Questa proprietà degli attrattori fu scoperta nel 1963 dal meteorologo Edward Lorenz.[31] Lorenz notò l'esistenza di sistemi caotici che reagiscono in ogni punto della loro evoluzione, a piccole variazioni. Studiando i fenomeni meteorologici, Lorenz osservò che una piccola perturbazione può generare uno stato caotico che si amplifica, rendendo difficili se non impossibili le previsioni meteorologiche. Analizzando questi eventi, Lorenz individuò l'esistenza di attrattori che amplificano le perturbazioni microscopiche.

Lorenz descrisse questa situazione con le parole:

"Il battito d'ali di una farfalla in Amazzonia può causare un uragano negli Stati Uniti."

Tuttavia, perché l'effetto venga amplificato, è necessario che la piccola perturbazione (il principio attivo) sia in linea con l'attrattore. Altrimenti prevale l'entropia e la perturbazione si dissipa. Al contrario, quando la perturbazione è in linea con l'attrattore viene amplificata. Questo è evidente in meteorologia, che ha che fare con l'acqua.

Il legame idrogeno che rende la molecola d'acqua speciale, opera in entrambe le direzioni: dal micro al macro, amplificando l'effetto e dal macro al micro informando l'attrattore. Ciò è ben evidenziato dai rimedi omeopatici.

---

[31] Lorenz E 1963. *Deterministic Nonperiodic Flow.* Journal of the Atmospheric Sciences 20: 130-140.

L'omeopatia fu scoperta nel 1796 dal medico tedesco Samuel Hahnemann (1755-1843). Questo sistema si basa sulla cosiddetta legge delle similitudini, secondo la quale i rimedi devono usare sostanze che causano sintomi simili in soggetti sani. Quando le sostanze vengono diluite nell'acqua si osserva che maggiore è la diluizione, maggiore è la potenza del rimedio. I rimedi più potenti sono quelli in cui le sostanze sono state diluite al punto che è impossibile per una singola molecola essere ancora presente nel rimedio. Per la medicina convenzionale, dopo aver rimosso il principio attivo attraverso la diluizione, gli effetti possono essere solo effetti placebo, non attribuibili al rimedio, poiché non è più presente alcuna molecola solida del principio attivo.

L'omeopatia è oggetto di attacchi feroci. La medicina convenzionale considera l'omeopatia una truffa poiché la sostanza attiva (la sostanza solida) è stata completamente rimossa dall'acqua per mezzo della diluizione. Si ritiene impossibile che una sostanza inerte come l'acqua possa essere la causa degli effetti.

La sintropia afferma che il principio attivo, quando posto nell'acqua, crea collegamenti con l'attrattore e, rimuovendo il principio attivo attraverso la diluizione, i legami con l'attrattore rimangono e non sono più limitati alla sostanza, ma possono agire "retrocausalmente" su qualsiasi altra struttura.

La sintropia spiega gli effetti dell'omeopatia come conseguenza delle proprietà retrocausali dell'acqua e degli attrattori.[32] I rimedi agiscono a ritroso nel tempo e gli effetti sono perciò il risultato dell'interazione tra causalità e retrocausalità.

La vita mostra un'incredibile complessità che aumenta convergendo verso progetti che sono comuni, nonostante le differenze individuali. Se consideriamo solo il contributo del passato, è impossibile spiegare perché le persone convergano verso progetti comuni ed è impossibile spiegare la stabilità di questi progetti nel tempo. Gli attrattori spiegano

---

[32] PAOLELLA M. 2013, *Il Battito d'ali di una farfalle in Amazzonia può provocare un uragano negli Stati Uniti,* Il Medico Omeopata, luglio 2013,: http://www.sintropia.it/Omeopatia.pdf

la stabilità e la convergenza.

Gli attrattori si comportano come dei ripetitori. Quando un individuo risolve un problema e riceve un vantaggio, le informazioni vengono trasmesse a tutte le altre persone. Gli attrattori stabiliscono un ponte invisibile tra gli individui che consente di sviluppare una conoscenza condivisa. Gli individui che convergono verso lo stesso attrattore sviluppano una conoscenza condivisa, senza il coinvolgimento di alcun mezzo fisico. Ciò è noto nella meccanica quantistica come correlazione quantistica (entanglement) e non località. Gli attrattori ricevono informazioni dagli individui, selezionano ciò che è vantaggioso e lo ridistribuiscono. Le singole esperienze si trasformano così in informazioni intelligenti che forniscono soluzioni, progetti e forme.

Le persone spesso ci chiedono se gli attrattori implicano che il futuro sia già determinato. La risposta è semplicemente NO. Implicano esattamente il contrario! Gli attrattori indicano che inevitabilmente torneremo a dove ha origine la sintropia, al punto Omega di Teilhard de Chardin, ma che il percorso dipende dalle nostre scelte. Se gli attrattori non esistessero, vivremmo in un universo meccanico totalmente determinato dal passato. Invece siamo costantemente costretti a scegliere.

Gli attrattori modellano il nostro corpo e lo guidano verso forme e strutture specifiche. L'ipotesi che nella vita sia in gioco un diverso tipo di causalità, era già stata postulata da Hans Driesch (1867-1941), un pioniere della ricerca sperimentale in embriologia.

Driesch ha suggerito l'esistenza di cause finali, che agiscono dall'alto verso il basso (dal globale all'analitico, dal futuro al passato) e non dal basso verso l'alto, come accade con la causalità classica.

Le cause finali portano la materia vivente a svilupparsi ed evolvere, e coincidono con lo scopo della natura, il potenziale biologico.

Le cause finali vennero indicate da Driesch *entelechie*.[33] Entelechia è una parola greca la cui derivazione (en-telos) significa qualcosa che contiene in sé il proprio fine o scopo e che si evolve verso questo fine. Quindi, se il percorso dello sviluppo normale viene interrotto, il sistema può raggiungere lo stesso fine in un altro modo.

Driesch credeva che lo sviluppo e il comportamento dei sistemi viventi siano governati da una gerarchia di entelechie, che si traducono tutte in un'entelechia ultima.

La dimostrazione sperimentale di questo fenomeno è stata fornita da Driesch usando embrioni di ricci di mare. Dividendo le cellule dell'embrione di ricci di mare dopo la prima divisione cellulare, si aspettava che ogni cellula si sviluppasse nella corrispondente metà dell'animale per il quale era stata progettata o programmata, ma invece scoprì che ognuna si sviluppava in un riccio di mare completo. Ciò accade anche nella fase a quattro cellule: ciascuna sviluppa un riccio di mare completo, sebbene più piccolo del solito. È possibile rimuovere pezzi dalle uova, mescolare i blastomeri e interferire in molti modi senza influenzare il risultato finale. Sembra che ogni singola monade nella cellula uovo sia in grado di formare qualsiasi parte dell'embrione completo. Al contrario, quando si uniscono due giovani embrioni, si ottiene un unico riccio di mare e non due ricci di mare.

Questi risultati mostrano che i ricci di mare si sviluppano verso un unico fine morfologico. Quando agiamo su un embrione, le cellule sopravvissute continuano a rispondere alla causa finale. Sebbene più piccola, la struttura che si raggiunge è simile a quella che sarebbe stata ottenuta dall'embrione originale.

Ne consegue che la forma finale non è causata dal passato o da un programma, un progetto o un disegno che agiscono dal passato, poiché qualsiasi cambiamento che introduciamo nel passato porta allo stesso risultato. Anche quando una parte del sistema viene rimossa o lo sviluppo normale viene disturbato, viene raggiunta la forma finale che è sempre la stessa.

---

[33] Driesch H. 1908, *The Science and Philosophy of the Organism*, www.gutenberg.org/ebooks/44388

Un altro esempio è quello della rigenerazione dei tessuti. Driesch ha studiato il processo mediante il quale gli organismi sono in grado di sostituire o riparare strutture danneggiate. Le piante hanno una straordinaria gamma di capacità rigenerative e lo stesso accade con gli animali. Ad esempio, se un verme piatto viene tagliato in pezzi, ogni pezzo rigenera un verme completo. Molti vertebrati hanno straordinarie capacità di rigenerazione. Se la lente dell'occhio di un tritone viene rimossa chirurgicamente, una nuova lente viene rigenerata dal bordo dell'iride, mentre nel normale sviluppo dell'embrione la lente si forma in un modo molto diverso, a partire dalla pelle.

Driesch usò il concetto di entelechia per spiegare le proprietà di integrità e direzionalità nello sviluppo e nella rigenerazione di corpi e sistemi viventi.

Indipendentemente nel 1926 lo scienziato russo Alexander Gurwitsch[34] e il biologo Austriaco Paul Alfred Weiss[35] hanno suggerito l'esistenza di un nuovo fattore causale, diverso dalla causalità classica, che chiamarono campo morfogenetico. A parte l'affermazione che i campi morfogenetici svolgono un ruolo importante nel controllo della morfogenesi (lo sviluppo della forma del corpo), nessuno degli autori ha mostrato come la causalità funzioni in questi campi.

Il termine "campo" è attualmente di moda: campo gravitazionale, campo elettromagnetico, campo individuale di particelle e campo morfogenetico. Tuttavia, la parola campo è usata per indicare qualcosa che viene osservato, ma non ancora compreso in termini di causalità classica; eventi che richiedono un nuovo tipo di spiegazione basato su un nuovo tipo di causalità.

L'ipotesi entropia/sintropia sostituisce i termini entelechie e campi con il termine attrattore. Un attrattore è una causa che retroagisce dal futuro generando un campo.

---

[34] Gurwitsch A.G. 1944, *The Theory of Biological Field*, Moscow: Soviet Science.
[35] Weiss P.A. 1939, *Principles of Development*, Henry Holt and Co.

Il biologo Rupert Sheldrake[36] fa riferimento alla teoria di René Thom *"La teoria delle catastrofi"* che identifica l'esistenza di attrattori alla fine di qualsiasi processo evolutivo.[37]

Thom ha introdotto l'ipotesi che la forma sia dovuta a cause che agiscono dal futuro e Sheldrake ha aggiunto la nozione di causalità formativa secondo la quale la morfogenesi (lo sviluppo della forma) è guidata da attrattori (cioè processi retrocausali). Il termine deriva dalla radice greca *morphe*=morfica e viene utilizzato per enfatizzare l'aspetto strutturale.

Sheldrake ha fornito risultati sperimentali che possono essere facilmente spiegati in termini di attrattori e retrocausalità.

I membri dello stesso gruppo, come animali della stessa specie, sono in grado di condividere conoscenze, senza utilizzare alcuna trasmissione fisica. Gli esperimenti mostrano che quando un topo impara a risolvere un compito, questa soluzione viene sviluppata più velocemente da altri topi della stessa razza. Maggiore è il numero di topi che imparano a risolvere un compito, più è facile per ogni topo dello stesso tipo risolvere tale compito.

Ad esempio, se i topi vengono addestrati a risolvere un compito in un laboratorio a Londra, topi simili impareranno a risolvere lo stesso compito più rapidamente nei laboratori di tutto il mondo. Questo effetto si verifica in assenza di connessioni o comunicazioni note tra i laboratori.

Lo stesso si osserva nella crescita dei cristalli. In generale, la facilità di cristallizzazione aumenta con il numero di volte che l'operazione è stata eseguita, anche quando non vi è alcun modo in cui questi nuclei di cristallizzazione possano essersi contaminati tra loro.

Sheldrake spiega questi strani risultati introducendo il concetto di campo morfogenetico:

---

[36] Sheldrake R. 1981, *A New Science of Life: The Hypothesis of Formative Causation*, Blond & Briggs, London.
[37] Thom R. 1972, *Structural Stability and Morphogenesis*, in Benjam W. A. 1972, ISBN 0-201-40685-3.

"Oggi, gli effetti gravitazionali e quelli elettromagnetici sono spiegati in termini di campi. Ad esempio, la gravità newtoniana emerge in qualche modo inspiegato dai corpi materiali e si diffonde nello spazio, i campi sono oggi la realtà primaria della fisica moderna e vengono usati per descrivere sia i corpi materiali che lo spazio che li circonda. L'immagine è complicata dal fatto che esistono diversi tipi di campi. C'è il campo gravitazionale (...) poi quello elettromagnetico (...), la teoria dei campi quantistici (QFT) e così via."

I campi morfogenetici di Sheldrake sono una combinazione dei concetti di campi e di energia. L'energia può essere considerata la causa, i campi possono essere considerati il modo in cui l'energia si irradia.

I campi hanno effetti fisici, ma non sono essi stessi un tipo di energia, guidano l'energia in un'organizzazione geometrica o spaziale.

L'ipotesi entropia/sintropia traduce il concetto di campi in attrattori. I campi morfogenetici diventano così attrattori morfogenetici o retrocausalità morfogenetica. In base a questa ipotesi i campi/attrattori sono alla base della causalità formativa, della morfogenesi, della macroevoluzione e del mantenimento della forma dei sistemi viventi a tutti i livelli di complessità, non solo in superficie, ma anche nei processi interni.

Gli attrattori forniscono al progetto e alla forma proprietà simili a quelle delle entelechie di Driesch.

Ad esempio, per costruire una casa abbiamo bisogno di materiali da costruzione e di un progetto (un attrattore) che contiene la forma della casa. Se il progetto è diverso, lo stesso materiale da costruzione può essere utilizzato per produrre una forma, una casa diversa.

Quando si costruisce una casa c'è un campo che corrisponde al progetto. Il progetto non è presente nei materiali da costruzione, che possono quindi essere utilizzati in molti tipi diversi di progetti. Il progetto dà stabilità e porta i materiali a convergere e a cooperare, nonostante le differenze individuali.

Il progetto dà forza coesiva. E' la manifestazione della sintropia che unisce le parti e contrasta la tendenza divergente dell'entropia.

Questo esempio può essere esteso a cellule, organi, alberi e sistemi viventi in generale. Per ogni specie, per ogni tipo di cellula e organo esiste almeno un attrattore che coincide con quello che normalmente viene chiamato progetto. Ogni progetto corrisponde and un campo morfogenetico che guida il sistema verso una forma e una specifica evoluzione.

Nel 1942, Conrad Waddington coniò il termine epigenetica per descrivere il ramo della biologia che studia le interazioni causali tra geni e fenotipi, cioè la manifestazione fisica del corpo. Secondo l'epigenetica, i fenotipi sono il risultato di mutazioni genetiche ereditarie. Queste mutazioni durano per tutta la vita e possono essere trasmesse alle generazioni successive attraverso le divisioni cellulari. Tuttavia, l'ipotesi che le caratteristiche della vita possano essere aggiunte mediante mutazioni casuali contraddice la legge dell'entropia secondo la quale la formazione spontanea della più piccola proteina richiede almeno 10^{600} permutazioni. Va anche notato che l'epigenetica implica che un meccanismo misterioso ha posto le proprietà della vita nei programmi e nelle istruzioni genetiche.

Secondo la sintropia, i geni non contengono informazioni, ma fungono da antenne che collegano le nostre cellule, il nostro corpo ai progetti presenti negli attrattori. Quando la comunicazione tra geni e attrattori è difettosa, il progetto non viene ricevuto correttamente e le cellule non sono più finalizzate, guidate da un progetto comune. Le cellule "impazziscono" e si trasformano in cellule tumorali.

L'ipotesi della supercausalità inverte il modo tradizionale di pensare e introduce l'idea che la causalità intelligente è retrocausale, agisce dal futuro fornendo progetti e orientamento.

Mentre la causalità produce effetti che divergono dal passato, la retrocausalità produce effetti che convergono verso il futuro, gli attrattori.

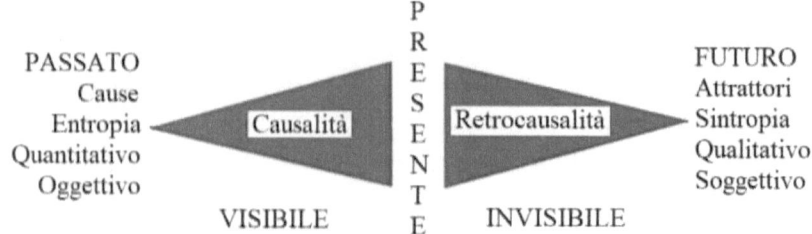

PASSATO
Cause
Entropia
Quantitativo
Oggettivo

VISIBILE

PRESENTE

Causalità

Retrocausalità

FUTURO
Attrattori
Sintropia
Qualitativo
Soggettivo

INVISIBILE

Gli attrattori sono non-locali. Selezionano le informazioni "vantaggiose" per la vita, trasformandole in in-formazioni/progetti e condividendole istantaneamente. Come spiegato da Barrow e Tipler [38], nel *Principio antropico*, questo meccanismo ha portato l'Universo verso costanti fisiche che ricadono all'interno di una gamma ristretta compatibile con la vita. L'Universo sembra essere costretto (attratto) verso quelle condizioni che favoriscono la vita.

Gli attrattori si comportano in modo simili a quanto descritto nell'ipotesi dell'ologramma quantistico[39]. L'idea di un meccanismo olografico per la trasmissione di progetti risale alle intuizioni matematiche di Dennis Gabor[40] e agli ologrammi quantistici del Dr. Walter Schempp[41], un matematico all'Università di Siegen in Germania. Il termine "olografico" implica che i progetti sono olistici e postula che il tutto è più della somma delle sue parti, poiché le informazioni si diffondono ovunque per intrecciarsi con le singole parti. In questo modo, lo spazio e il tempo non esistono più e nemmeno la causalità nel senso classico della causalità efficiente di Aristotele, mentre la causalità formativa è in gioco.

L'interazione tra attrattori e sistemi fisici, dà origine alla geometria

[38] Barrow J.D. and Tipler F.J. 1988, *The Anthropic Cosmological Principle.* Oxford University Press. ISBN 978-0-19-282147-8.
[39] Mitchell E. 2008, *The Way of the Explorer*, www.amazon.com/dp/1564149773
[40] Gabor D. 1946, *Theory of communication*, Journal of the Institute of Electrical Engineers, 93, 429-441
[41] Schempp W. 1993, *Cortical Linking Neural Network Models and Quantum Holographic Neural Technology*. In Pribram, K.H. (ed.) Rethinking Neural Networks

frattale. Un frattale è un oggetto geometrico che si ripete nella sua struttura allo stesso modo su scale diverse. I frattali hanno un aspetto che non cambia anche se visti con una lente d'ingrandimento. Questa funzione è spesso chiamata auto-somiglianza. Il termine frattale è stato coniato da Benoît Mandelbrot[42] nel 1975, e deriva dalla parola latina fractus, in modo simile alla frazione, in quanto le immagini frattali sono oggetti matematici di dimensione frazionaria.

I frattali si trovano spesso in sistemi dinamici e complessi e sono descritti usando semplici equazioni ricorsive. Ad esempio, se ripetiamo la radice quadrata di un numero maggiore di zero (ma minore di uno) il risultato tenderà a uno (ma non lo raggiungerà mai). Il numero uno è quindi l'attrattore di questa radice quadrata. Allo stesso modo, se continuiamo ad elevare al quadrato un numero maggiore di uno, il risultato tenderà all'infinito e se continuiamo ad elevare al quadrato un numero più piccolo di zero, il risultato tenderà a zero. Come mostrato da Mandelbrot, le figure frattali si ottengono inserendo in una funzione ricorsiva un attrattore (un operatore che tende ad un limite). Forme complesse, e allo stesso tempo ordinate, si ottengono inserendo attrattori.

La geometria frattale riproduce alcune delle strutture più importanti dei sistemi viventi. Molti ricercatori hanno concluso che la vita segue la geometria frattale: il contorno di una foglia, la crescita dei coralli, la forma del cervello e le terminazioni nervose.

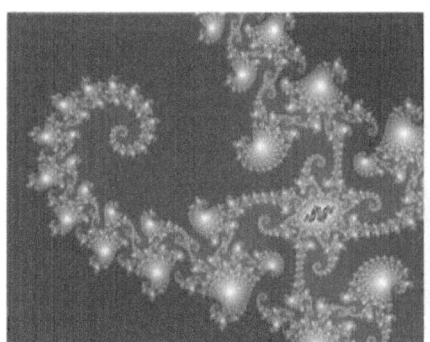

---

[42] Mandelbrot B 1982, *Fractal Geometry of Nature*, www.amazon.it/dp/0716711869/

È stato scoperto un numero incredibile di strutture frattali, ad esempio le arterie del sangue e le vene coronarie mostrano ramificazioni che sono frattali. Le vene si dividono in vene più piccole che si dividono in vene ancora più piccole. Sembra che queste strutture frattali giochino un ruolo importante nella contrazione e nella conduzione degli stimoli elettrici: l'analisi spettrale della frequenza cardiaca ricorda una struttura caotica. I neuroni mostrano strutture frattali: se i neuroni vengono esaminati a basso ingrandimento, si possono osservare ramificazioni da cui partono altre ramificazioni e così via. I polmoni seguono disegni frattali che possono essere facilmente replicati al computer. Formano un albero con ramificazioni multiple e con configurazioni simili, sia a basso come ad elevato ingrandimento. Queste osservazioni hanno portato all'ipotesi che l'organizzazione e l'evoluzione dei sistemi viventi (tessuti, sistema nervoso, ecc.) siano guidati da attrattori, in modo simile a ciò che accade nella geometria frattale.

Ancor prima che Leonardo da Vinci esplorasse la natura frattale di fiumi, alberi e vasi sanguigni, un altro Leonardo, Leonardo da Pisa, stava esplorando i modelli frattali in aritmetica. Il suo libro *"Liber Abaci"*, pubblicato nell'anno 1202, sotto il nome di *"Fibonacci"*, è stato significativo nella storia della matematica perché introdusse l'uso dei numeri arabi in Europa. Fibonacci descrisse una sequenza di numeri che sarebbero diventati i numeri di Fibonacci.

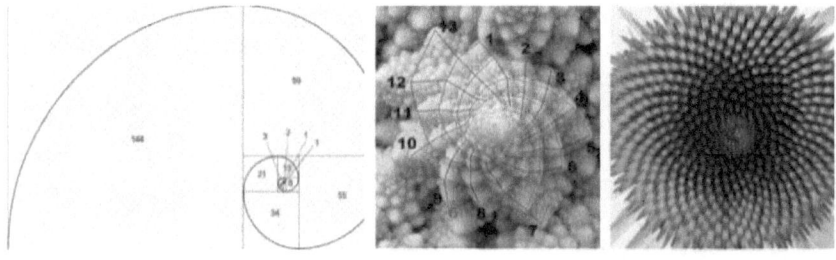

Questa sequenza, che Fibonacci chiamò *Modus Indorum*, metodo degli indiani, risolse un problema che coinvolge la crescita di una popolazione di conigli basata su ipotesi idealizzate. Nella sequenza numerica di Fibonacci, ogni numero è la somma dei due numeri precedenti. Il rapporto di due numeri di Fibonacci consecutivi, è noto come rapporto aureo.

Michelangelo affermava che l'abilità di un artista è quella di far emergere dalla pietra la figura che è già in essa e non le appartiene. Allo stesso modo, il successo delle specie viventi è di far emergere l'attrattore che è già presente in esse, ma che non appartiene al loro corpo. Ciò spiega l'incredibile stabilità delle specie e la loro convergenza verso forme comuni.

EVOLUZIONE

Il naturalismo è nato nel diciannovesimo secolo in opposizione all'ideologia spiritualistica del periodo romantico e si basa sul presupposto che tutti i fenomeni naturali possano essere spiegati usando la causalità. Tuttavia, l'equazione energia-momento-massa mostra che la causalità classica è governata dalla legge dell'entropia, la tendenza a dissipare energia e materia e a disintegrare qualsiasi forma di organizzazione, mentre la sintropia che è un tipo simmetrico di causalità, che governa i sistemi viventi.

Il biologo Jacques Monod (1910-1976) descrisse il paradosso tra vita ed entropia con le seguenti parole:

> *"L'uomo deve infine destarsi dal suo sogno millenario per scoprire la sua completa solitudine, la sua assoluta stranezza. Egli ora sa che, come uno zingaro, si trova ai margini dell'universo in cui deve vivere. Universo sordo alla sua musica, indifferente alle sue speranze, alle sue sofferenze, ai suoi crimini"[43]*

Il naturalismo si basa su spiegazioni causali, basate su leggi governate dall'entropia e conduce a una visione dell'universo in cui la vita è altamente improbabile, il risultato del caso e delle mutazioni casuali, senza alcuno scopo. Einstein diceva che l'uso del caso mostra l'incompletezza di una teoria. *"Dio non gioca a dadi!"*. L'uso del caso pone il naturalismo in conflitto con la sua premessa fondamentale, vale a dire che tutti i fenomeni naturali possano e debbano essere spiegati usando la causalità.

La sintropia estende la causalità alla retrocausalità e alla supercausalità e mostra che le proprietà della vita, che i naturalisti attribuiscono al caso, sono manifestazioni della retrocausalità e della supercausalità.

---

[43] Monod J 1971, *Il caso e la necessità*, https://www.amazon.it/dp/8804671378.

La catalogazione e classificazione degli esseri viventi è uno degli obiettivi basilari e più antichi della biologia e viene indicato con il termine "tassonomia". Tassonomia proviene dal greco taxis (ordinamento) e nomos (regola, norma). In biologia un taxon (il cui plurale è taxa) è una unità tassonomica, un raggruppamento di organismi reali, distinguibili morfologicamente e/o geneticamente da altri e riconoscibile come unità con una precisa posizione all'interno della struttura gerarchica della classificazione tassonomica. Carlo Linneo (1707-1778), uno dei padri della tassonomia, basava le classificazioni prevalentemente sugli aspetti esteriori degli esseri viventi. Solo successivamente la tassonomia si allargò all'anatomia, cioè allo scheletro e alle parti molli, e alle informazioni genetiche e molecolari. La tassonomia morfologica cerca di catalogare gli esseri viventi in base alla loro similarità utilizzando descrizioni possibilmente neutre ed obiettive.

La tassonomia è una scienza empirica che utilizza i ranghi o categorie, tra i quali: dominio, regno, phylum, classe, ordine, famiglia, tribù, genere, specie. Mentre in zoologia la nomenclatura è strettamente regolamentata dal Codice ICZN (International Commission on Zoological Nomenclature) nella tassonomia la nomenclatura non è regolata, ma è il risultato di lavori di ricerca della comunità scientifica. Il modo in cui si giunge alla individuazione dei taxa varia. Dipende dai dati, dalle risorse e dai metodi che possono variare da semplici comparazioni quantitative o qualitative di caratteristiche a sofisticati modelli di elaborazione al computer di grandi quantità di dati tratti dalla sequenza del DNA.

Per questo motivo, i ricercatori possono produrre classificazioni diverse a causa di una serie di scelte soggettive. Ad esempio, a seconda delle caratteristiche che scelgono di considerare, le classificazioni possono cambiare. I valori di similarità utilizzati nelle analisi statistiche possono essere modificati e ciò può portare a posizionare individui in taxa vicini ai valori critici di similarità.

Per superare i limiti delle scelte soggettive è stata sviluppata la tassonomia genetica. La tassonomia genetica si basa sull'idea che le coppie che producono una progenie fertile appartengano allo stesso taxa. L'approccio genetico classifica le specie in base alla loro capacità di produrre prole fertile in condizioni di vita naturale. Se gli organismi producono prole fertile solo con l'inseminazione artificiale, in cattività o in allevamenti, vengono catalogati come specie diverse. Ad esempio, un mulo è il prodotto di un cavallo e di un asino, ma è sterile. L'approccio genetico porta quindi a catalogare cavalli e gli asini come specie diverse.

La tassonomia è quindi divisa in *morfologica* che tiene conto delle caratteristiche esterne (morfospecie) e *genetica* che tiene conto della fertilità (genospecie). A seconda che l'enfasi sia posta sulla genetica (fertilità) o sulla morfologia (caratteristiche) i confini tra le specie possono variare. Nel caso di asini e cavalli ci sono due genospecie e una morfospecie, poiché sono indistinguibili sulla base delle loro caratteristiche esterne, e quindi appartengono alla stessa morfospecie, ma non producono progenie fertili, e quindi non appartengono alla stessa genospecie. Per ovviare a questa discrepanza, è stata introdotta la classificazione del tipo di base che tiene conto di entrambe le classificazioni: il comportamento riproduttivo e le caratteristiche morfologiche. Tuttavia, anche la classificazione del tipo di base non è riuscita a produrre taxa generalmente accettati.

Il genetista W. Gottschalk dice:

"Nonostante decenni di ricerca, la definizione di specie come unità biologica presenta grandi difficoltà. Ad oggi non esiste ancora un'unica definizione che soddisfi tutti i requisiti."

La definizione comune di specie, genospecie, morfospecie e tipo base è imprecisa, poiché non consente una delimitazione chiara e sempre valida tra i taxa. Applicando diverse definizioni di specie, inevitabilmente i confini cambiano. Ciò solleva la questione se sia possibile definire unità tassonomiche superiori che comprendono i concetti di specie genetiche e morfologiche.

- Microevoluzione

Charles Darwin (1809-1892), in *L'origine delle specie* (1859), descrisse la variabilità tra le specie e il fatto che la dimensione della popolazione nel lungo termine rimane costante, nonostante la sovrapproduzione della progenie. Darwin concluse che solo gli individui migliori e più adatti sopravvivono e diventano i genitori della prossima generazione. Questo processo di selezione naturale verrebbe rafforzato dalla deriva genetica, cioè dalla tendenza degli alleli, che sono responsabili dei modi particolari in cui si manifestano le caratteristiche ereditarie, a combinarsi casualmente durante la riproduzione. Combinazioni positive aumenterebbero le possibilità di sopravvivenza e sarebbero quindi selezionate, diventando una caratteristica comune.

In questo modo vengono selezionate unicamente variazioni casuali (mutazioni) che beneficiano direttamente o indirettamente delle possibilità di sopravvivenza e contribuiscono al progresso evolutivo, mentre le mutazioni deleterie vengono per lo più eliminate. Questo meccanismo favorisce mutazioni vantaggiose e svolge un importante ruolo positivo nel processo evolutivo. Per Darwin, la selezione naturale e la deriva genetica erano gli elementi chiave del processo evolutivo.

Tuttavia, è generalmente accettato che il meccanismo di selezione naturale e di deriva genetica operino solo nel contesto della microevoluzione.

I termini microevoluzione e macroevoluzione furono introdotti nel 1927 da Philiptschenko, dove:

• *Microevoluzione* indica la selezione di caratteristiche all'interno della stessa specie, ad esempio: cambiamenti quantitativi di organi e strutture di corpi esistenti.

42

- *Macroevoluzione* indica l'evoluzione di nuove funzionalità, ad esempio: lo sviluppo di organi, strutture e forme di organizzazione con materiale genetico qualitativamente nuovo.

La funzione della microevoluzione è quella di ottimizzare le strutture esistenti, mentre la funzione della macroevoluzione è quella di sviluppare per la prima volta, o da zero, strutture con nuove funzioni.

Un esempio di microevoluzione è rappresentato dai semi trasportati dal vento, che non riescono a germinare in terreni inquinati da metalli pesanti. Nelle discariche in Gran Bretagna è stato osservato che una minoranza di semi può germogliare, crescere e produrre semi in grado di colonizzare i terreni inquinati da metalli pesanti. Queste piante mostrano l'incapacità di incrociarsi con le piante parentali che crescono su terreni normali non contaminati. Sulla base della definizione di genospecie, si può quindi affermare che è nata una nuova specie.

Questi processi possono essere utilizzati come prova dello sviluppo di una nuova specie con nuove informazioni?

L'analisi genetica mostra che queste nuove piante, che possono crescere su terreni contaminati, non hanno sviluppato un nuovo carattere, ma la tolleranza all'alto contenuto di metalli pesanti deriva dal fatto che l'assorbimento dei minerali dal suolo è limitato. Le informazioni genetiche sono state limitate e non si tratta di un progresso evolutivo dovuto a nuove informazioni. L'esempio delle piante che colonizzano le discariche di miniere, così come altri esempi di questo tipo, dimostra che il processo di microevoluzione non dovrebbe essere considerato uno sviluppo verso forme superiori, ma un impoverimento delle informazioni genetiche. Queste piante sono più tolleranti ai metalli pesanti, ma sono meno adattabili ai cambiamenti ambientali e sono maggiormente a rischio di estinzione. Quando il processo di selezione viene ripetuto, si traduce in un impoverimento massiccio delle informazioni genetiche, in nuove razze più adatte ad ambienti specifici, più specializzate, ma anche meno flessibili.

Un altro esempio di microevoluzione è fornito dal ghepardo, il mammifero più veloce del pianeta. La riduzione delle informazioni genetiche, a causa della specializzazione, non è reversibile e tende a portare questa specie all'estinzione. Nonostante le sue straordinarie capacità di predatore, il ghepardo è in pericolo a causa della sua bassissima variabilità genetica che rende gli individui della specie troppo simili e porta a malattie, un'alta percentuale di spermatozoi anomali, al fatto che dopo aver cacciato sono così stanchi che non riescono a difendere la loro preda da altri concorrenti, come leoni, leopardi e iene, e ad una insufficiente capacità di adattamento che aumenta i rischi di estinzione.

La speciazione, cioè la formazione di nuove specie, osservata fino ad oggi è limitata ai processi di microevoluzione governati dalla selezione naturale che riduce il potenziale genetico della specie. Le osservazioni suggeriscono che le specie partono da una condizione iniziale in cui sono disponibili grandi quantità di informazioni e potenzialità genetiche; gradualmente questo potenziale si riduce a causa della selezione naturale, guidata da eventi di colonizzazione e isolamento. La riduzione della variabilità originale delle informazioni genetiche consente la colonizzazione di nuovi habitat, ma limita le possibilità future di adattabilità. La speciazione si basa sulla perdita di informazioni genetiche, a causa di particolari condizioni ambientali e dei processi di adattamento.

Un ruolo importante nella microevoluzione è svolto dalla deriva genetica, ovvero dalla ricombinazione dei geni dei genitori durante la riproduzione sessuale che porta alla formazione di un numero praticamente illimitato di nuove combinazioni. L'importanza biologica della riproduzione sessuale è spiegata dal fatto che aumenta le possibilità di selezione naturale. Ma poiché la ricombinazione genetica non produce nulla di nuovo, la selezione naturale è limitata solo alla microevoluzione. Non si forma alcun nuovo materiale genetico, ma i geni e gli alleli già preesistenti vengono ricombinati, miscelati e selezionati.

A differenza della microevoluzione, che si basa sulla deriva genetica, sulla selezione naturale e sulla speciazione che riducono progressivamente le informazioni genetiche, la macroevoluzione richiede meccanismi che possano aumentare e produrre nuove informazioni. Tuttavia, finora sono stati osservati solo processi di specializzazione nell'ambito della microevoluzione. Fattori evolutivi come la selezione naturale, la deriva genetica e l'isolamento non forniscono spiegazioni riguardo alla macroevoluzione. Di conseguenza il termine macroevoluzione è inteso in modi molto diversi:

- Alcuni autori lo usano per indicare meccanismi diversi dal gradualismo di Darwin che è insufficiente a spiegare lo sviluppo di nuovi organi complessi (come lo sviluppo di ali, gambe, ecc.).
- Altri lo usano in modo descrittivo, senza alcun commento sui meccanismi.
- Alcuni lo usano per indicare un'evoluzione oltre il livello delle specie. La differenza tra microevoluzione e macroevoluzione diventa il confine tra le specie.
- A volte viene fatta una distinzione in base alle discipline: la macroevoluzione è studiata dai paleontologi, mentre la microevoluzione dai biologi.
- I confini tra microevoluzione e macroevoluzione sono considerati fluttuanti e non è possibile distinguere tra questi due termini.
- Altri respingono il termine macroevoluzione in base al fatto che esiste un solo meccanismo evolutivo.

Le mutazioni genetiche compaiono spontaneamente in natura (senza cause apparenti) e possono anche essere indotte o favorite artificialmente, ad esempio mediante trattamento con sostanze chimiche, radiazioni e sbalzi di temperatura. Tuttavia le mutazioni artificiali limitano l'evoluzione al campo della microevoluzione. I risultati empirici mostrano che queste mutazioni aiutano a spiegare la separazione di una specie genitoriale in due o più specie (speciazione), ma non spiegano l'aumento delle informazioni. La prole è specializzata in diverse direzioni, ma non può aumentare le proprie informazioni.

Ci si chiede quindi:

- se esistono meccanismi noti che spiegano la macroevoluzione;
- se ci sono indizi che suggeriscono che la macroevoluzione è possibile;
- se l'equazione *microevoluzione* + *tempo* = *macroevoluzione* è corretta.

Una prima considerazione sull'azione della selezione naturale è che una serie di mutazioni che dovrebbero iniziare lo sviluppo di un nuovo organismo (macroevoluzione) sopravviverebbe solo se ogni singolo cambiamento causasse un vantaggio selettivo o, almeno, non uno svantaggio. Ciò significa che l'evoluzione di un nuovo organo o struttura non può attraversare stadi intermedi che sono svantaggiosi e non sopravvivono alla selezione naturale. I sistemi viventi devono essere in grado di sopravvivere in ogni fase del processo evolutivo. Per questo motivo è difficile spiegare lo sviluppo di organi complessi, poiché le fasi intermedie comporterebbero uno svantaggio che verrebbe eliminato dalla selezione naturale.

Nella formazione di nuovi organi e strutture, in generale, un vantaggio selettivo si ottiene solo dopo il loro completamento. Le prime fasi di sviluppo di un nuovo organo rappresentano un puro spreco di materiale e fino al completamento del processo non offre alcun vantaggio selettivo. Pertanto, le forme intermedie incomplete verrebbero eliminate dal meccanismo di selezione naturale. Il valore biologico di un organo è dato solo quando le varie funzioni possono interagire. Simulando l'evoluzione di nuovi organi al computer, gli stadi intermedi vantaggiosi dovrebbero essere raggiunti in un periodo di tempo molto breve; ma né i modelli computazionali né biologici possono spiegare questi rapidi stadi intermedi dell'evoluzione. Le fasi intermedie vantaggiose richiedono informazioni su meccanismi, tassi di mutazione e ricombinazione, criteri di selezione adeguati e appropriati e dimensioni della popolazione, che nelle simulazioni devono essere introdotte artificialmente (dall'esterno) dimostrando che i processi di macroevoluzione richiedono una buona tecnologia, buoni programmi e software. Tuttavia, non esiste una fonte naturale nota in grado di fornire tali risorse, programmi e informazioni. Da un punto di vista evolutivo, la questione irrisolta non riguarda l'esistenza di mutazioni vantaggiose, ma la possibilità di sviluppare nuovo materiale genetico e nuove strutture.

Darwin credeva che caratteristiche simili fossero ereditarie, ad esempio i bambini assomigliano ai loro genitori, e per questo motivo sosteneva che specie simili, come gli scimpanzé e gli umani, avessero antenati comuni. Questa ipotesi richiede l'esistenza di numerosi collegamenti intermedi che dovrebbero testimoniare l'evoluzione tra gli scimpanzé e gli umani, ma i collegamenti mancano e non sono stati finora trovati. Occasionalmente ci sono fossili che vengono interpretati come collegamenti, ma le interpretazioni sono risultate controverse. La teoria filogenetica non può ignorare il fatto che mancano i collegamenti. I darwinisti cercano di spiegare la loro assenza affermando che i processi evolutivi hanno avuto luogo in popolazioni marginali con una bassa probabilità di fossilizzazione.

La teoria della macroevoluzione sostiene che le affinità dovrebbero essere interpretate come convergenze. Ma come può un processo evolutivo senza tendenza convergere verso risultati simili? La convergenza viene di solito spiegata dicendo che l'evoluzione è stata fortemente incanalata da processi selettivi simili. Ma i fossili mostrano che in termini di dimensioni, morfologia, ecologia, fasi di sviluppo e riproduzione, le specie antiche non possono essere distinte da quelle recenti.

Mentre la biologia esamina le specie viventi, la paleontologia studia il mondo delle piante e degli animali che esistevano sul nostro pianeta in passato ed è quindi considerata una scienza delle origini e dell'evoluzione. Secondo le teorie macroevolutive, ogni tipo di organizzazione si sarebbe sviluppata gradualmente e dovrebbe esistere collegamenti tra i vari tipi diversi che si sono sviluppati da forme semplici fino a forme superiori. Ma i paleontologi non sono riusciti a fornire alcuna prova dell'esistenza di questi collegamenti. Al contrario, hanno fornito prove di una sostanziale costanza delle specie.

Ad esempio: i principali gruppi di piante compaiono all'improvviso e non in modo graduale e le specie spesso compaiono nell'ordine cronologico sbagliato (il più complesso ed evoluto appare per primo). All'interno degli stessi taxa, di solito è impossibile mostrare una tendenza dal semplice al complesso, ad esempio, con i taxa di Psilophyton, le forme più antiche sono le più complesse nella sequenza stratigrafica. Nella maggior parte dei casi, gli alberi genealogici possono essere ricostruiti solo se ammettiamo la possibilità di convergenza e inversione (vale a dire il ritorno alle caratteristiche originali). Secondo studi generalmente accettati, le spore compaiono prima dei macrofossili (legno, foglie, ecc.). Nessuno sa perché.

- Macroevoluzione ed evoluzione convergente

Il paleontologo e gesuita Pierre Teilhard de Chardin (1881-1955) sosteneva che mentre l'astronomia rileva un evento iniziale da cui il mondo fisico ha avuto origine (il Big Bang), la paleontologia identifica un punto finale verso il quale la vita si sta evolvendo, convergendo. Teilhard chiamò questo punto finale il punto Omega e affermava che una lettura corretta dei testi sacri mostra che l'origine della vita è nel futuro e non nel passato. Le affermazioni di Teilhard hanno suscitato dibattito all'interno della chiesa cattolica e nel 1958 un decreto del Sant'Uffizio, presieduto dal cardinale Ottaviani, impose alle congregazioni religiose di ritirare le opere di Teilhard da tutte le loro biblioteche. Il decreto affermava che i testi del gesuita *"offendono la dottrina cattolica"* e avvertiva il clero di *"difendere gli spiriti, specialmente dei giovani, dai pericoli delle opere di padre Teilhard de Chardin e dei suoi discepoli."* Tuttavia, il cardinale Ratzinger, Papa Benedetto XVI, in *Principi di teologia cattolica* (1987) ha ammesso che uno dei principali documenti del Vaticano, *Gaudium et Spes*, è stato fortemente influenzato dal pensiero di Teilhard. Benedetto XVI ha anche affermato che Teilhard ebbe una *"grande visione"* che *"alla fine porterà ad una vera liturgia cosmica."*

Il pensiero di Teilhard fu influenzato dalle dottrine orientali. Ad esempio, nel Corano, i verbi sono sempre usati al passato, perché Dio parla dal futuro. La dottrina islamica descrive un'umanità che si evolve verso Dio.

Teilhard era un noto paleontologo e scienziato evoluzionista e divenne famoso dopo la morte quando vennero pubblicati i suoi libri, tra il quali *"Il fenomeno umano"* e *"Verso la convergenza"*. Sia Fantappiè che Teilhard sono stati oggetto di una forte censura a causa del fatto che le loro teorie ampliano la scienza ad un nuovo tipo di causalità che agisce in modo retrocausale dal futuro. Secondo Fantappiè la vita è soggetta a una doppia causalità, causalità efficiente e causalità finale, e per Teilhard la vita è guidata da attrattori, cause finali che convergono nel punto Omega. Entrambi gli autori hanno identificato la fonte della vita con l'energia dell'amore.

Secondo Fantappiè:

"Oggi vediamo stampato nel grande libro della natura - che Galileo ha detto, è scritto in caratteri matematici - la stessa legge dell'amore che si trova nei testi sacri delle principali religioni."

Per Teilhard:

"L'universo, nel suo insieme, si concentra sotto l'influenza dell'attrazione che nasce dal punto Omega e che assume la forma dell'amore. Le persone possono evolversi e diventare più umane poiché condividono lo stesso attrattore di amore."

Teilhard considerava l'evoluzione organizzata su tre sfere concentriche. La sfera più interna è il punto Omega, l'attrattore finale, in cui tutta la materia si trasformerà in materia organica e cosciente. La sfera esterna è la più lontana dal punto di Omega, il regno della materia inanimata. La sfera intermedia è il regno della vita che ancora non riflettere su se stessa, la biosfera.

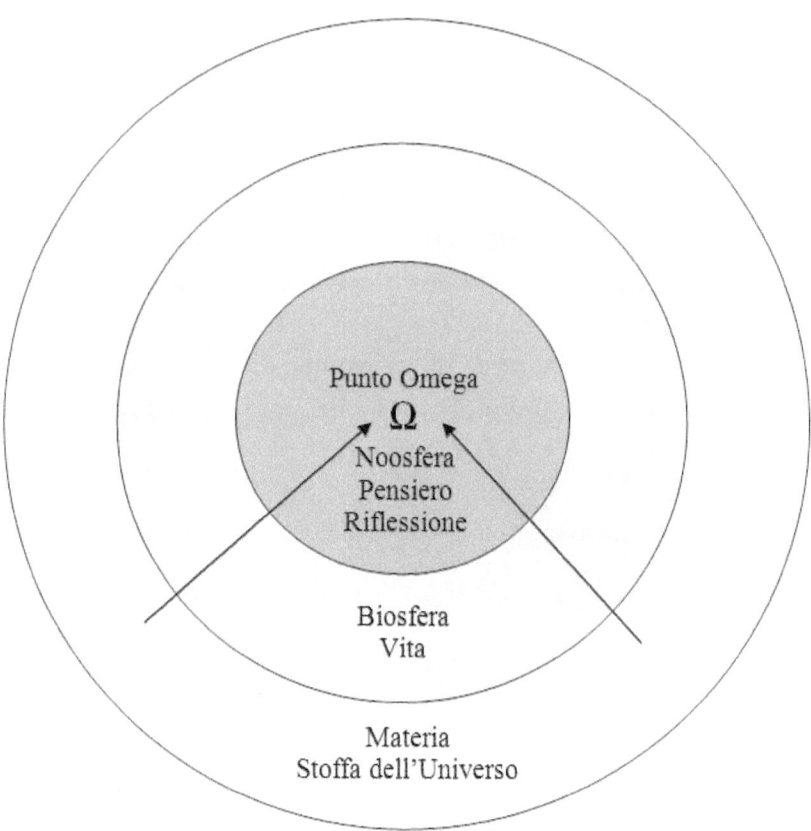

Teilhard credeva che:

"L'evoluzione non può essere misurata lungo la linea che va dall'infinitamente piccolo all'infinitamente grande, ma secondo l'asse che va dall'infinitamente semplice all'infinitamente complesso. Possiamo rappresentare l'evoluzione come distribuita su sfere concentriche, ognuna delle quali ha un raggio che diminuisce con l'aumentare della complessità."

Nella sua infanzia l'idolo di Teilhard era rappresentato dalla materia solida: il *"Dio di ferro"*. Presto Teilhard raggiunse la convinzione che la consistenza della materia solida non è data dalla sostanza in sé, ma da una forza convergente. Il tema della convergenza divenne uno dei punti fondamentali della visione di Teilhard.

Teilhard metteva in relazione il punto Omega con la coscienza: una proprietà universale, una potenzialità cosmologica che emerge convergendo verso l'unità e aumentando la complessità.

"La coscienza aumenta in proporzione alla complessità della vita. La coscienza è assolutamente inaccessibile ai nostri mezzi di osservazione al livello microscopico dei virus, ma appare chiaramente al massimo livello di complessità del cervello umano."

CONSCIENZA

Partendo dalla duplice soluzione della energia-momento-massa, il presente è descritto come il punto d'incontro di informazioni che arrivano dal passato e dal futuro. Il matematico Chris King ha ipotizzato che il libero emerga dalla costante interazione tra questi due tipi di informazioni: oggettiva e quantitativa proveniente dal passato e soggettiva e qualitativa proveniente dal futuro. I sistemi viventi si troverebbero costantemente in uno stato di scelta, di libero arbitrio.

Poiché le soluzioni in avanti e indietro nel tempo sono perfettamente bilanciate, una quantità simile di informazioni viene ricevuta dal passato e dal futuro. Questo sarebbe il motivo della perfetta divisione del cervello in due emisferi.

La figura precedente può quindi essere sostituita con la figura dei due emisferi cerebrali, in cui l'emisfero sinistro è sede del ragionamento logico, della razionalità e del linguaggio, mentre l'emisfero destro elabora emozioni, intuizioni, immagini, simboli e colori.

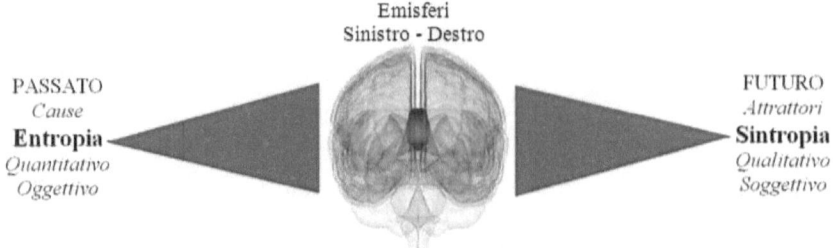

PASSATO
Cause
Entropia
Quantitativo
Oggettivo

FUTURO
Attrattori
Sintropia
Qualitativo
Soggettivo

La soluzione in avanti nel tempo prende la forma di cause, esperienze, apprendimento, credenze, rappresentazioni del mondo, mentre la soluzione a ritroso nel tempo assume la forma di attrattori che possono essere sentiti come emozioni, ispirazioni, intuizioni e presentimenti.

La sintropia introduce in questa rappresentazione il sistema nervoso autonomo e, più specificamente, il plesso solare. Il plesso solare ci collega all'attrattore, la fonte della sintropia, ed è quindi la sede del "sentire di esistere". Il cervello sarebbe invece coinvolto nel libero arbitrio.

Secondo questo approccio, la mente è organizzata su tre livelli:

* la *mente cosciente*, legata alla testa e al libero arbitrio;
* la *mente inconscia*, associata al sistema nervoso autonomo e ai processi altamente automatizzati;
* la *mente supercosciente*, associata all'attrattore, orientata al futuro che fornisce uno scopo e un significato alla nostra esistenza.

La *mente cosciente* su cui siamo sintonizzati durante il tempo in cui siamo svegli, ci collega alla realtà fisica dell'esistenza. La mente cosciente media i sentimenti che provengono dal sistema nervoso autonomo, cioè la mente inconscia, con informazioni che provengono dal piano fisico della realtà. La mente cosciente è caratterizzata dal libero arbitrio.

La *mente inconscia* governa le funzioni vitali del corpo, quindi chiamate involontarie, come battito cardiaco, digestione, funzioni rigenerative, crescita, sviluppo e riproduzione. Inoltre, implementa programmi altamente automatizzati, che ci consentono di svolgere molti compiti complessi, senza doverci pensare continuamente su, come camminare, andare in bicicletta, guidare, ecc. Il sistema nervoso autonomo fornisce al corpo sintropia ed è quindi la sede dei sentimenti. È possibile accedere alla mente inconscia durante i sogni o utilizzando tecniche di rilassamento e stati di coscienza alterata, come la trance ipnotica.

La *mente supercosciente* è quella parte del nostro essere che è in diretto contatto con l'attrattore. L'attrattore è la fonte della sintropia e dell'energia della vita ed è fondamentale per il nostro benessere e la nostra evoluzione. La mente supercosciente mostra la via, le soluzioni, le risposte ed è la fonte di ispirazione e intuizione per la mente cosciente; fornisce conoscenza e intelligenza che consentono di risolvere i problemi; invia messaggi attraverso i sogni o sotto forma di sentimenti di anticipazione, presentimenti, intuizioni ed ispirazioni.

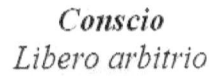

Conscio
Libero arbitrio

Inconscio
Processi automatizzati

Superconscio
Intuizione
Finalità / Visione

La mente cosciente deve scegliere costantemente tra informazioni provenienti dal futuro e informazioni provenienti dal passato ed è caratterizzata da processi di valutazione e scelta, che sono alla base del libero arbitrio e dei processi decisionali. Le informazioni provenienti dal futuro agiscono come fattori di attrazione, in genere indicati come sentimenti del cuore che ci guidano e ci attirano. Le informazioni provenienti dal passato agiscono come fattori di spinta, in genere basati su ricordi, esperienze e conoscenze. Dobbiamo costantemente mediare tra fattori di spinta (*push*) e di attrazione (*pull*).

Questa dualità convive nella nostra mente ed è caratterizzata dalla specializzazione dei due emisferi cerebrali. La corteccia non è un singolo blocco, ma è divisa nell'emisfero sinistro che è la sede del ragionamento logico, della razionalità e del linguaggio, e dell'emisfero destro che è associato ad emozioni, sentimenti, intuizioni, elaborazione globale, analogie, simboli e colori.

L'emisfero sinistro si occupa del mondo esterno e materiale, caratterizzato da informazioni oggettive e pensiero analitico razionale, mentre l'emisfero destro si occupa del nostro mondo interiore, caratterizzato da sentimenti, processi intuitivi, simboli e immagini. La cultura occidentale si è focalizzata sulla razionalità: diagrammi, dimostrazioni del mondo reale, scrittura e dati tecnici. Tuttavia, possiamo descrivere un oggetto nelle sue caratteristiche, possiamo usare simboli standardizzati per rappresentarlo, ricostruire retrospettivamente le parti di un tutto con il processo analitico della razionalità, ma non siamo in grado di guardare all'interno e raggiungere l'essenza della loro realtà.

In generale, tendiamo a trascurare le intuizioni, poiché si ritiene che la vita debba basarsi solo su fatti, modelli e informazioni che derivano dal passato. Questo atteggiamento ha portato ad allontanarci dalle ispirazioni e dai sogni, con il risultato che le scelte sono ora prese tenendo conto solo del passato, governate dalla legge dell'entropia, e non dai fattori di attrazione che sono invece governati dalla legge della sintropia.

- La mente inconscia e il sistema nervoso autonomo

Il sistema nervoso autonomo ha il compito di acquisire la sintropia e distribuirla ai processi vitali del corpo alimentando le funzioni rigeneratrici e di guarigione e collegando l'individuo con l'attrattore che guida i processi che danno forma, organizzazione e struttura al corpo fisico. Secondo la sintropia, il progetto è contenuto nell'attrattore che retroagisce dal futuro attraverso il sistema nervoso autonomo e il DNA.

Quando proviamo a spiegare la complessità e l'ordine delle informazioni genetiche solo come risultato di cause che agiscono dal passato, ci troviamo avanti ad una serie di contraddizioni logiche e di paradossi. Poiché i processi di mutazione genetica seguono la causalità classica, sono regolati dalla legge dell'entropia e possono solo portare ad un graduale aumento delle differenze strutturali tra gli individui, impedendo così la formazione di specie. Tuttavia, nel mondo reale assistiamo esattamente al contrario, vale a dire osserviamo un'incredibile convergenza di strutture biologiche verso progetti comuni, nonostante le differenze individuali. Ad esempio, possiamo indicare diverse razze, come gli europei, asiatici, africani, ma c'è qualcosa che unisce tutti questi individui e li rende parte della stessa specie. Considerando solo la causalità che agisce dal passato è impossibile spiegare la convergenza degli individui verso la stessa specie o la stabilità delle specie nel tempo.

La teoria della sintropia suggerisce che il progetto delle specie dovrebbe essere ricercata nel modo in cui gli attrattori agiscono dal futuro. Gli attrattori fungono da ponti tra individui della stessa specie. Un esempio è stato fornito da Sheldrake, che mostra che la risoluzione di un compito si diffonde in modo invisibile e immateriale a tutti gli individui che appartengono alla stessa specie, e non tra individui di specie diverse. Quando è presente un attrattore comune, le soluzioni vantaggiose vengono diffuse da un individuo all'altro. Il ponte tra questi individui è dato dal fatto che condividono uno stesso attrattore. Sheldrake mostra che individui collegati allo stesso attrattore, come animali appartenenti alla stessa specie, sono in grado di condividere le conoscenze senza alcun contatto fisico. Se un individuo risolve un compito vantaggioso, gli altri individui che appartengono alla stessa specie mostrano la tendenza a risolvere lo stesso compito più rapidamente.

L'ipotesi dell'evoluzione convergente suggerisce che gli attrattori ricevono informazioni e conoscenze dagli individui, selezionano ed elaborano ciò che è vantaggioso e lo redistribuiscono.

Il verbo "informare" deriva dal termine latino "in-formare", che significa "dare una forma". Aristotele riteneva che "l'in-formazione" è un'attività fondamentale della materia e dell'energia che racchiude una modalità che precede ogni forma fisica. Una volta che esiste una forma, questa si può esprimere attraverso tutti i suoi individui.

Il sistema nervoso autonomo svolge un ruolo chiave nell'informazione poiché collega l'individuo all'attrattore e fornisce progetti e soluzioni a tutti i processi vitali. Ciò si verifica a livello della mente inconscia, nonostante l'incredibile quantità di intelligenza che richiede. Il sistema nervoso autonomo, cioè la mente inconscia:

- È guidato da emozioni e sentimenti di anticipazione che portano a forme e soluzioni specifiche.
- Fornisce sintropia, energia vitale, ai vari organi del corpo ed esegue azioni di guarigione basate sui disegni ricevuti dall'attrattore.
- Si comporta come un meccanico che consulta il libro del produttore per eseguire riparazioni e mantenere il sistema il più vicino possibile al progetto. Il progetto non è meccanico e le istruzioni sono scritte con l'inchiostro delle emozioni.
- È alla base di tutte le funzioni involontarie del corpo ed è responsabile del controllo del movimento di muscoli e arti.

- Governa tutte le funzioni del corpo che non sono soggette a scelta e che non richiedono il livello cosciente. Ad esempio, è responsabile della digestione, della frequenza cardiaca, dell'assimilazione del cibo, della rigenerazione cellulare. Questi sono processi completamente sconosciuti alla nostra mente cosciente. Non sappiamo come vengono eseguiti e, spesso, non sappiamo nemmeno che esistono. Non è necessario essere un medico o un biologo per digerire il cibo o rigenerare un tessuto. Il corpo conosce tutto in modo indipendente e mostra uno straordinario livello di intelligenza.

- Dirige e regola questi processi, esprimendo così le capacità e le potenzialità di un'intelligenza che è incredibilmente superiore alla nostra mente cosciente.

- Memorizza modelli comportamentali che poi esegue autonomamente e automaticamente e che vengono mantenuti nel tempo, dando origine ad abitudini e apprendimento. Questo ricordo viene quindi immagazzinato, almeno in parte, nei muscoli del corpo sotto forma di schemi di comportamento.

- Ripete i modelli comportamentali, fino a quando diventano abitudini che si attivano automaticamente, indipendentemente dalla nostra volontà. Questi schemi sono quindi posti saldamente nella memoria della mente inconscia. La mente cosciente spesso non ricorda ciò che è stato incluso nella memoria della mente inconscia. Di conseguenza, la mente inconscia può aprire scenari incredibili nei processi di conoscenza di noi stessi.

- La mente inconscia funge anche da custode di qualsiasi informazione che la mente cosciente non può gestire.

- *La mente supercosciente e l'attrattore*

La mente supercosciente ha la sua origine nell'attrattore, è al di fuori del nostro essere fisico ed è collegata al nostro corpo attraverso il plesso solare (cioè il cuore). Poiché la sintropia funge da assorbitore e concentratore di energia, il buon funzionamento della mente supercosciente è avvertito come sensazioni di calore nell'area del cuore. Questi sentimenti di calore coincidono con i vissuti di amore. Al contrario, un funzionamento inadeguato della mente supercosciente è associato a vissuti di vuoto e di freddo (entropia) e dolore solitamente chiamati ansia e angoscia, accompagnati da sintomi del sistema nervoso autonomo, come nausea, vertigini e sensazione di soffocamento. La mente supercosciente consente di sperimentare visioni del futuro, intuizioni ed ispirazioni, che sono inaccessibili agli stati ordinari della mente cosciente. È uno stato di coscienza che porta ad un livello superiore di consapevolezza. Ogni individuo interagisce costantemente con la mente supercosciente che illumina la direzione, fornisce obiettivi e la missione della nostra vita. Entriamo in contatto con la mente supercosciente attraverso il nostro plesso solare nei momenti di silenzio. E' necessario evitare sostanze come alcol, tabacco, droghe e caffè e abitudini che alterano i nostri vissuti interiori. La mente supercosciente è accessibile a tutti e agisce come un insegnante interiore, sempre pronto a collaborare con noi e a guidarci verso la soluzione dei problemi e verso la felicità.

Henri Poincaré, uno dei matematici più creativi del secolo scorso, osservò che di fronte ad un nuovo problema le cui soluzioni possono essere infinite, si utilizza inizialmente un approccio razionale, ma non potendo arrivare alla soluzione si attiva successivamente un altro tipo di processo. Questo processo seleziona la soluzione corretta tra le infinite possibilità, senza l'aiuto della razionalità. Poincaré lo chiamò intuizione (combinando le parole latine in = dentro + tueri = vedere), e fu colpito dal fatto che sono sempre accompagnate da vissuti di verità, bellezza, calore e benessere nell'area toracica:[44]

"Tra il gran numero di possibili combinazioni,
quasi tutte sono senza interesse o utilità.
Solo quelle che portano a risolvere il problema
vengono illuminate da un'esperienza interiore di verità e bellezza."

---

[44] Henri Poincaré, Mathematical Creation, from Science et méthode, 1908.

Per Poincaré, le intuizioni richiedono attenzione e sensibilità per questi vissuti interiori di verità e bellezza, che ci collegano al futuro, all'intelligenza della sintropia.

Robert Rosen (1934-1998), biologo teorico e professore di biofisica alla Dalhousie University, nel suo libro *Anticipatory Systems*[45] ha scritto:

"Sono rimasto sorpreso dal numero di comportamenti anticipatori osservati a tutti i livelli dell'organizzazione dei sistemi viventi (...) che si comportano come veri sistemi anticipatori, sistemi in cui lo stato attuale cambia in base agli stati futuri, violando la legge di causalità secondo la quale i cambiamenti dipendono esclusivamente da cause passate o presenti. Cerchiamo di spiegare questi comportamenti con teorie e modelli che escludono ogni possibilità di anticipazione. Senza eccezioni, tutte le teorie e i modelli biologici sono classici nel senso che cercano solo cause nel passato o nel presente."

Per rendere i comportamenti anticipatori coerenti con l'idea che le cause debbano sempre precedere gli effetti, vengono presi in considerazione modelli predittivi e processi di apprendimento. Ma i comportamenti anticipatori si trovano anche nelle forme di vita più semplici, come le cellule, senza sistemi neurali, e in questi casi è difficile sostenere l'ipotesi di modelli predittivi o processi di apprendimento. Inoltre, sono anche osservati nelle macromolecole e questo esclude ogni possibile spiegazione basata su processi innati dovuti alla selezione naturale. Rosen conclude che è necessaria una nuova legge di causalità per spiegare i comportamenti anticipatori dei sistemi viventi.

- Quando termina la coscienza?

Il modello entropia/sintropia della mente mette al centro il cuore e vede il cervello come un servitore del cuore. Al contrario, la coscienza è solitamente associata al cervello ed è diffusa la credenza che quando

---

[45] Rosen, R., *Anticipatory Systems*, Pergamon Press, USA 1985.

il cervello smette di funzionare, la coscienza termina e la persona può essere considerata morta.

Il concetto di morte cerebrale è stato ufficialmente formalizzato nel 1968 al momento del primo trapianto di organi, poiché i criteri di morte naturale (fine dell'attività cardiaca e circolazione sanguigna) non consentono i trapianti di organi. Il concetto di morte cerebrale fornisce la legittimità necessaria per eseguire i trapianti e la prima definizione ufficiale di morte cerebrale è stata sviluppata da un comitato ad hoc istituito presso la Harvard Medical School. I criteri di Harvard del 1968 per la determinazione della morte cerebrale sono ora diventati la base per le leggi nazionali. Questi criteri stabiliscono quando è consentito "scollegare" e considerare il paziente "legalmente" morto. I criteri di Harvard sono anche alla base delle leggi sul trapianto di organi, poiché gli organi devono essere rimossi quando il cuore batte ancora.

Le prove che la morte cerebrale non è un criterio valido sono suggerite dal fatto che:

- durante l'espianto di organi da una persona definita legalmente morta (bassa attività dell'EEG) la persona inizia a difendersi e urla e deve essere legata al tavolo operatorio per consentire la rimozione degli organi;
- un numero impressionante di persone, a cui era stata diagnosticata la morte cerebrale, si svegliano in piena coscienza.

Nel 1985 il Vaticano accettò il Rapporto di Harvard e nel 1989 Papa Giovanni Paolo II parlò dell'argomento in diverse occasioni legittimando la rimozione di organi da corpi caldi, nonostante continuassero a respirare e con il cuore che batteva.

Il 3 settembre 2008, nella prima pagina del quotidiano ufficiale del Vaticano, *"L'Osservatore Romano"*, Lucetta Scaraffia ha scritto un editoriale dedicato ai quarant'anni del Rapporto di Harvard che introduceva la definizione di morte cerebrale. In questo editoriale ha dichiarato che la morte cerebrale non può essere utilizzata per affermare la fine di una vita e che la definizione di morte dovrebbe essere rivista in nome di nuovi presupposti scientifici.

Le reazioni del mondo medico/scientifico occidentale furono immediate: *"I criteri per la morte cerebrale sono gli unici criteri scientificamente validi per sanzionare la morte di un individuo."*

Inoltre: *"La comunità scientifica mondiale approva i criteri stabiliti dal rapporto di Harvard e le critiche che provengono da minoranze marginali si basano essenzialmente su considerazioni non scientifiche."*

Infine: *"I paesi scientificamente avanzati hanno accettato come norma tutti i criteri di morte cerebrale."*.

Un libro a cura di Paolo Becchi: *"Morte cerebrale e trapianto di organi. Una questione di etica legale* "contiene la dichiarazione di Hans Jonas che sostiene che la definizione di morte stabilita dal rapporto di Harvard non fosse stata motivata da scoperte scientifiche, ma dalla necessità di avere organi per i trapianti.

Nel 1989, la Pontificia Accademia delle Scienze aveva già affrontato la questione e il professor Josef Seifert, Decano dell'Accademia filosofica internazionale del Liechtenstein, era l'unico a opporsi alla definizione di morte cerebrale.

Ma, quando la Pontificia Accademia delle Scienze si riunì di nuovo per discutere della questione, il 3-4 gennaio 2005, le posizioni sono cambiate. I partecipanti, i filosofi, i giuristi e i neurologi di vari paesi hanno concordato sul fatto che il criterio della morte cerebrale non è scientificamente credibile e dovrebbe quindi essere abbandonato.

Questi risultati non vennero accettati da Marcelo Sánchez Sorondo, cancelliere della Pontificia Accademia delle Scienze, e gli atti dell'incontro non furono pubblicati. Numerosi partecipanti diedero i loro interventi ad un editore esterno, Rubbettino, che ha pubblicato un libro dal titolo latino *Finis Vitae*, a cura del professor Roberto de Mattei, vicedirettore del Consiglio Nazionale delle Ricerche italiano.

Esperimenti sul sistema nervoso autonomo, suggeriscono che la coscienza risiede nell'area del cuore e non del cervello. Rita Levi-Montalcini descrive questo fatto con le seguenti parole:

"Tutti dicono che il cervello è l'organo più complesso del corpo. Come medico

potrei essere d'accordo! Ma come donna, vi assicuro che non c'è niente di più complesso del cuore; i suoi meccanismi sono ancora sconosciuti. Nel cervello c'è ragionamento logico, nel ragionamento del cuore ci sono i sentimenti."

- Cuore o cervello?

Cuore o cervello? Questa è una delle principali differenze tra Occidente e Oriente. L'Occidente è centrato sul cervello mentre l'Asia e in particolare la Cina sono centrate sul cuore. Un esempio è fornito dal termine coscienza. Se copiate l'ideogramma 心 nel traduttore di Google otterrete le seguente definizione: centro, nucleo, sentimento, pensiero e intelligenza. Queste sono alcune delle proprietà che noi in Occidente associamo alla coscienza. Ma l'ideogramma 心 indica il cuore! Gli ideogrammi cinesi associano la coscienza al cuore!

Di conseguenza, in Cina una persona è considerata viva e cosciente finché il cuore batte e l'espianto di organi da corpi caldi è considerato un assassinio. Questo è uno dei motivi per cui in Cina gli organi per i trapianti possono essere forniti solo da prigionieri che, prima della loro esecuzione a morte, accettano di donare gli organi.

Negli ideogrammi cinesi la coscienza è descritta usando due ideogrammi: l'ideogramma del cuore 心 (xin) e l'ideogramma della testa 头 (tou):

Il cuore è posto nella prima posizione, affermando così che l'essenza della coscienza è il cuore, mentre la testa è posta nella seconda posizione, suggerendo così che è uno strumento della coscienza.

È anche notevole notare che negli ideogrammi cinesi una "idea" è la combinazione del cuore a sinistra e l'ideogramma "pensare" 想 a destra. L'ideogramma "pensare" contiene l'ideogramma del cuore come radicale:

Quando comunichiamo i nostri pensieri a qualcuno, abbiamo il "messaggio" a sinistra 信 e il cuore a destra. In altre parole, i nostri pensieri sono "messaggi dal cuore":

Per le intuizioni a sinistra del cuore c'è l'ideogramma calore. Le intuizioni sono associate a sentimenti di "calore nel cuore":

Essere diligenti, attenti, devoti a un progetto è descritto come "occhio del cuore":

Quando nel corso della nostra attività siamo scrupolosi usiamo l'ideogramma "molto" associato al cuore:

Quando diventiamo attori delle nostre scelte, del nostro libero arbitrio, usiamo l'ideogramma "forza" associata al cuore, "un cuore forte":

Tuttavia, quando siamo depressi parliamo di "cuore grigio" un "cuore senza colore":

Infine, quando siamo in grado di risolvere un problema, parliamo di un "cuore pacifico":

Gli ideogrammi suggeriscono che quando si tratta di coscienza, l'attenzione deve spostarsi dalla testa al cuore.

La centralità del cuore era presente in molte antiche civiltà. Nell'antico Egitto il cuore era considerato la sede della coscienza, mentre il cervello era considerato superflua massa grassa. Nelle antiche civiltà greca, romana, indiana, araba ed ebraica, i sistemi scientifici, medici, filosofici e mistici consideravano il cuore la sede della coscienza, mentre il cervello era uno strumento, il servitore del cuore.

- Coscienza: causa o effetto della realtà?

Nel 1927 i fisici Niels Bohr e Werner Heisenberg svilupparono l'interpretazione di Copenaghen della meccanica quantistica. Questa interpretazione rifiuta la soluzione a ritroso nel tempo dell'equazione d'onda di Klein-Gordon e si basa sull'equazione d'onda di Schrödinger, che esclude la relatività di Einstein e tratta il tempo in modo classico, respingendo in questo modo la possibilità della retrocausalità.

Per spiegare i misteri della meccanica quantistica, come la dualità onda-particella, Bohr e Heisenberg attribuirono alla coscienza la proprietà di creare la realtà. L'interpretazione di Copenaghen divenne presto popolare, probabilmente perché incarnava lo spirito del tempo, lo zeitgeist, che voleva che gli uomini fossero dotati di potere di creazione, attraverso l'esercizio della coscienza. Sebbene il nazismo sia stato sconfitto 70 anni fa, le teorie della coscienza si basano quasi unicamente sull'ipotesi del collasso della funzione d'onda. Questa ipotesi richiede che la coscienza sia un prerequisito della realtà.

La teoria della sintropia, al contrario, vede la coscienza come il risultato delle proprietà coesive della soluzione a ritroso nel tempo delle equazioni fondamentali e dell'incontro di queste proprietà con il piano fisico. Attualmente, nessun modello teorico basato sulle leggi della soluzione classica "in avanti nel tempo" può spiegare il sentire di esistenza e gli aspetti qualitativi dell'esperienza cosciente.

In sintesi, quando viene scartata la soluzione a ritroso nel tempo che emerge combinando la meccanica quantistica con la relatività speciale, la coscienza deve necessariamente diventare un prerequisito della realtà, un principio creativo della realtà, al contrario, quando la soluzione a ritroso nel tempo è accettata la coscienza è una manifestazione delle proprietà della sintropia.

È importante sottolineare la differenza tra la visione attualmente diffusa secondo la quale la coscienza crea la realtà e la visione sintropica secondo la quale la coscienza è una conseguenza delle forze attrattive che agiscono dal futuro. Nel primo caso, la visione è quella di un universo assoggetto alla volontà e all'egoismo degli esseri umani, mentre nel secondo caso la visione è quella di un universo convergente che si evolve verso il punto Omega, l'Amore, così come è stato immaginato e descritto da Teilhard e Fantappiè.

- *La bussola del cuore*

Il sistema nervoso autonomo regola automaticamente e inconsciamente le funzioni vitali del corpo, senza la necessità di alcun controllo volontario.

Quasi tutte le funzioni viscerali sono sotto il controllo del sistema nervoso autonomo che è diviso in sistemi simpatico e parasimpatico. Le fibre nervose di questi sistemi non raggiungono direttamente gli organi, ma si fermano prima e formano sinapsi con altri neuroni in strutture chiamate gangli, da cui altre fibre nervose formano sistemi, chiamati plessi, che raggiungono gli organi. La parte simpatica del sistema è vicina ai gangli spinali e forma sinapsi insieme a fibre longitudinali, in un albero chiamato catena paravertebrale. Il sistema parasimpatico forma sinapsi lontano dalla colonna vertebrale e più vicino agli organi che controlla. I gangli del sistema simpatico sono distribuiti come segue: 3 coppie di gangli intracranici, situati lungo il trigemino, 3 coppie di gangli cervicali collegati al cuore; 12 coppie di gangli dorsali collegati ai polmoni e al plesso solare, 4 coppie di gangli lombari che sono collegati attraverso il plesso solare allo stomaco, intestino tenue, fegato, pancreas e reni, 4 coppie di gangli in connessione con il retto, la vescica e gli organi genitali.

Per molto tempo si pensava che non vi fosse alcuna relazione tra il cervello e il sistema simpatico, ma oggi sappiamo che questa relazione esiste, è forte e che il cervello può agire direttamente sugli organi attraverso la mediazione del plesso solare. Esiste quindi un legame tra stati mentali e stati fisici. Ad esempio, la tristezza agisce sul plesso solare attraverso il sistema simpatico, generando una vasocostrizione dovuta alla contrazione del sistema arterioso. Questa contrazione causata dalla tristezza ostacola la circolazione sanguigna, influenzando quindi anche la digestione e la respirazione.

Le persone si riferiscono comunemente al cuore e non al plesso solare. Tuttavia, da un punto di vista fisiologico, l'organo che ci consente di percepire i nostri vissuti interiori è il plesso solare.

La sintropia nutre le funzioni vitali ed è un'energia convergente che si propaga dal futuro, di conseguenza quando l'afflusso di sintropia è buono sentiamo calore (cioè concentrazione di energia) e benessere nell'area toracica del plesso solare.

Al contrario, quando l'afflusso è insufficiente sentiamo vuoto, dolore e ansia.

Questi vissuti funzionano come l'ago di una bussola che punta verso la fonte della sintropia (cioè l'energia vitale).

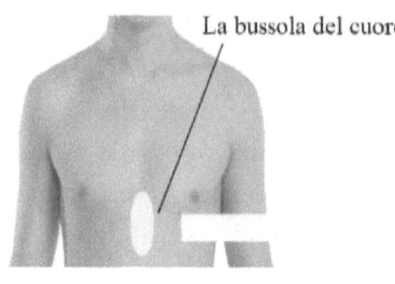

La bussola del cuore

L'Attrattore

Sfortunatamente la maggior parte delle persone non è consapevole di come funziona la bussola del cuore e la loro principale preoccupazione è quella di evitare la sofferenza e l'insopportabile sensazione di ansia. Ciò spiega, ad esempio, il meccanismo della tossicodipendenza. Le sostanze che agiscono sul sistema nervoso autonomo, come l'alcool e l'eroina, causando sensazioni di calore e benessere simili a quelle che sperimentiamo quando c'è un buon afflusso di sintropia, possono presto diventare vitali e causare dipendenza. La bussola del cuore indica la fonte della sintropia, ma le droghe, l'alcool e tutto ciò che usiamo per sedare la nostra sofferenza riducono la nostra capacità di usarla e scegliere ciò che è benefico per la vita.

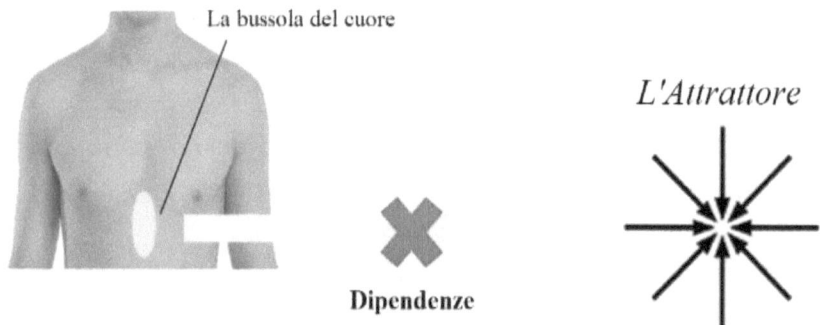

La bussola del cuore

Dipendenze

L'Attrattore

Al fine di migliorare il flusso di sintropia e promuovere il benessere è quindi essenziale abbandonare qualsiasi tipo di dipendenza.

Mentre il cervello è fatto di materia grigia all'esterno e di materia bianca all'interno, si osserva esattamente il contrario nel plesso solare. La materia grigia è costituita da cellule nervose che ci permettono di pensare, la sostanza bianca è costituita da fibre nervose, estensioni cellulari, che ci permettono di sentire.

Il plesso solare e il cervello sono opposti l'uno all'altro e rappresentano due polarità: il polo emettitore e il polo assorbitore. La stessa dualità che si trova tra entropia e sintropia.

Il plesso solare e il cervello sono strettamente collegati e dal punto di vista filogenetico il cervello si è sviluppato dal plesso solare. Tra il cervello e il plesso solare esiste una specializzazione di funzioni completamente diverse, che possono verificarsi solo quando queste due polarità sono integrate e lavorano in armonia, producendo risultati che sono abbastanza straordinari.

Gli esperimenti mostrano che la sintropia agisce principalmente sul plesso solare e viene percepita come calore e benessere. Al contrario, la mancanza di sintropia è percepita come vuoto e sofferenza.

Poiché la sintropia si propaga all'indietro nel tempo, i sentimenti di calore e vuoto ci aiutano a orientare le nostre scelte verso obiettivi vantaggiosi.

I seguenti esempi forniscono alcune informazioni sulle implicazioni di questo flusso a ritroso nel tempo dei sentimenti:

- L'articolo *"In Battle, Hunches Prove to be Valuable"*, pubblicato sulla prima pagina del New York Times il 28 luglio 2009, descrive come le esperienze associate a intuizioni e premonizioni hanno aiutato i soldati a salvarsi: *"Il mio corpo divenne improvvisamente freddo; sai, quella sensazione di pericolo e ho iniziato a urlare no-no!"* Secondo la sintropia, l'attacco accade, il soldato sperimenta paura e morte e questi sentimenti di angoscia si propagano all'indietro nel tempo. Il soldato nel passato sente questi vissuti nella forma di premonizioni ed è spinto a prendere una decisione diversa, evitando così l'attacco e la morte. Secondo l'articolo del New

York Times, queste premonizioni hanno salvato più vite dei miliardi di dollari spesi per l'intelligence.

- William Cox condusse studi sul numero di biglietti venduti negli Stati Uniti per i treni pendolari tra il 1950 e il 1955. Scoprì che nei 28 casi in cui i treni pendolari hanno avuto incidenti, erano stati venduti meno biglietti. L'analisi dei dati è stata ripetuta verificando tutte le possibili variabili intervenienti, come le condizioni meteorologiche avverse, orari di partenza, giorno della settimana, ecc. Ma nessuna variabile interveniente è stata in grado di spiegare la correlazione tra riduzione nella vendita dei biglietti e incidenti. La riduzione dei passeggeri sui treni che hanno incidenti è forte, non solo da un punto di vista statistico, ma anche da un punto di vista quantitativo. Secondo la sintropia, le scoperte di Cox possono essere spiegate in questo modo: quando le persone sono coinvolte in incidenti, i sentimenti di dolore e paura si propagano all'indietro nel tempo e possono essere sentiti nel passato sotto forma di presentimenti e premonizioni, che possono portare a decidere di non viaggiare. Questa propagazione dei sentimenti può quindi cambiare il passato. In altre parole, un evento negativo si verifica nel futuro e ci informa nel passato, attraverso i nostri sentimenti e vissuti interiori. Ascoltare questi vissuti interiori può aiutarci a decidere diversamente ed evitare il dolore e la sofferenza nel nostro futuro. Se ascoltiamo la voce interiore, il futuro può cambiare per il meglio.
- Tra i molti esempi: il 22 maggio 2010 un Boeing 737-800 dell'Air India Express in volo da Dubai a Mangalore si è schiantato durante l'atterraggio, uccidendo 158 passeggeri, solo otto sono sopravvissuti. Nove passeggeri, dopo il check-in, si sono sentiti male e non sono saliti a bordo.

A questo proposito, il neurologo Antonio Damasio, studiando i pazienti affetti da deficit decisionali, ha scoperto che i sentimenti contribuiscono al processo decisionale e rendono possibili scelte vantaggiose, senza dover effettuare valutazioni vantaggiose.[46]

Damasio ha osservato che i processi cognitivi si sono aggiunti a quelli emozionali, mantenendo la centralità delle emozioni nei processi decisionali. Ciò è evidente nei momenti di pericolo: quando le scelte devono essere fatte rapidamente, la ragione viene aggirata.

Le persone con deficit decisionale mostrano conoscenza ma non sentimenti. Le loro funzioni cognitive sono intatte, ma non quelle emotive. Hanno un intelletto normale, ma non sono in grado di prendere decisioni appropriate. Si osserva una dissociazione tra razionalità e capacità decisionale. L'alterazione dei sentimenti provoca una miopia verso il futuro. Questa miopia verso il futuro può essere dovuto a lesioni neurologiche o all'uso di sostanze come l'alcool e l'eroina, che riducono la percezione dei nostri vissuti interiori.

Sentimenti di calore indicano il percorso che porta al benessere e a ciò che è benefico per la vita. È quindi bene scegliere in base a questi vissuti interiori di calore. Quando convergiamo verso gli attrattori, i vissuti di calore informano che siamo sulla strada giusta, al contrario quando divergiamo sentiamo vuoto e ansia.

---

[46] Damasio, A.R., *Descarte's Error. Emotion, Reason, and the Human Brain,* Putnam Publishing, 1994.

L'ESTINZIONE E' POSSIBILE?

La visione sintropica dell'evoluzione afferma che il progetto delle specie è custodito nei loro attrattori e anche quando la manifestazione fisica scompare, l'attrattore rimane e può manifestarsi di nuovo non appena le condizioni tornano favorevoli.

Se guardiamo alla storia del nostro pianeta da una prospettiva più ampia vediamo continui cambiamenti climatici che sono stati la causa di estinzioni di massa.

Ad esempio il Quaternario, che è l'ultimo dei tre periodi che compongono l'era geologica del Cenozoico, è iniziato 2,58 milioni di anni fa ed è ancora in corso. Durante il Quaternario, le temperature sono gradualmente diminuite e hanno avuto inizio le glaciazioni. La vita ha bisogno di acqua e muore con il ghiaccio. Le glaciazioni sono state la causa estinzioni di massa.

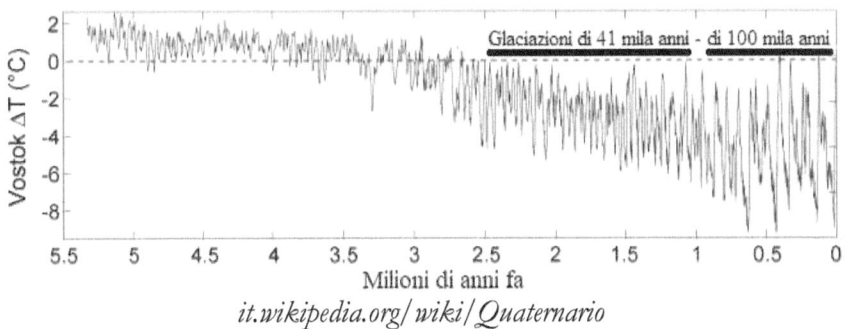

it.wikipedia.org/wiki/Quaternario

All'inizio del quaternario le glaciazioni duravano 41.000 anni e le temperature erano in media di 4 gradi inferiori. Si sono poi allungate oltre i 100.000 anni, con temperature sempre più fredde, in media di 8 gradi inferiori. Periodi interglaciali caldi, della durata di circa 10.000 anni, separano ogni glaciazione. Il periodo caldo in cui ci troviamo è iniziato 11.700 anni fa.

Poiché i sedimenti oceanici mostrano che siamo già rientrati nella prossima era glaciale e che le temperature saranno presto glaciali, nel 1972 i principali geologi, riuniti alla Brown University, si sentirono in dovere di informare il presidente degli Stati Uniti d'America:

BROWN   UNIVERSITY   *Providence, Rhode Island · 02912*

DEPARTMENT OF GEOLOGICAL SCIENCES

(401) 863-2240

December 3, 1972

The President
The White House
Washington, D. C.

Dear Mr. President:

       Aware of your deep concern with the future of the world, we feel obliged to inform you on the results of the scientific conference held here recently. The conference dealt with the past and future changes of climate and was attended by 42 top American and European investigators. We enclose the summary report published in Science and further publications are forthcoming in Quaternary . Research.

       The main conclusion of the meeting was that a global deterioration of climate, by order of magnitude larger than any hitherto experienced by civilized mankind, is a very real possibility and indeed may be due very soon. The cooling has natural cause and falls within the rank of processes which produced the last ice .age. This is a surprising result based largely on recent studies of deep sea sediments.

       Existing data still do not allow forecast of the precise timing of the predicted development, nor the assessment of the man's interference with the natural trends. It could not be excluded however that the cooling now under way in the Northern Hemisphere is the start of the expected shift. The present rate of the cooling seems fast enough to bring glacial temperatures in about a century, if continuing at the present pace.

       The practical consequences which might be brought by such developments to existing social institutions are among others:

    1) Substantially lowered food production due to the shorter growing seasons and changed rain distri- bution in the main grain producing belts of the world, with Eastern Europe and Central Asia to be first affected.

    2) Increased frequency and amplitude of extreme weather anomalies such as those bringing floods, snowstorms, killing frosts etc.

With the efficient help of the world leaders, the research could be effectively organized and could possibly find the answers to the menace. We hope that your Administration will take decisive steps in this direction as it did with other serious international problems in the past. Meantime however it seems reasonable to prepare the agriculture and industry for possible alternatives and to form reserves.

It might also be useful for Administration to take into account that the Soviet Union, with large scientific teams monitoring the climate change in Arctic and Siberia, may already be considering these aspects in its international moves.

With best regards,

George J. Kukla
Lamont-Doherty Geological Observatory

R. K. Matthews, Chairman
Department of Geological Sciences

GJK/RKM:mc
Enclosure

Gentile Signor Presidente:

Consapevoli della sua profonda preoccupazione per il futuro del mondo, ci sentiamo in dovere di informarla sui risultati della conferenza scientifica tenuta qui di recente. La conferenza si è occupata dei cambiamenti climatici passati e futuri e ha visto la partecipazione di 42 importanti ricercatori americani ed europei. Alleghiamo il rapporto di sintesi pubblicato su Science e ulteriori pubblicazioni sono in arrivo nella rivista Quaternary Research.

La conclusione principale dell'incontro è stata che un deterioramento globale del clima, di grandezza maggiore di qualsiasi altra fino ad ora vissuta dall'umanità civilizzata, è una possibilità molto reale e potrebbe avvenire molto presto. Il raffreddamento ha una causa naturale e rientra nell'ambito dei processi che hanno prodotto l'ultima era glaciale. Questo è un risultato sorprendente che è basato in gran parte su studi recenti dei sedimenti marini.

I dati esistenti non consentono ancora la previsione del momento preciso dell'evento previsto, né la valutazione dell'interferenza dell'uomo con le tendenze naturali. Non si può escludere tuttavia che il raffreddamento ora in corso nell'emisfero settentrionale sia l'inizio del cambiamento previsto. La velocità del raffreddamento sembra rapido al punto da portare a temperature glaciali in circa un secolo, se continua al ritmo attuale.

Le conseguenze pratiche che potrebbero derivare da tali sviluppi alle istituzioni sociali esistenti sono tra le altre:

1) Produzione alimentare sostanzialmente ridotta a causa delle stagioni di crescita più brevi e del cambio nella distribuzione delle piogge nelle principali aree di produzione di cereali del mondo, con l'Europa orientale e l'Asia centrale ad essere colpite per prime.
2) Aumento della frequenza e dell'ampiezza delle anomalie meteorologiche estreme come quelle che provocano inondazioni, tempeste di neve, gelo, ecc.

Con l'aiuto efficiente dei leader mondiali, la ricerca potrebbe essere organizzata in modo da trovare le risposte a questa minaccia. Ci auguriamo che la vostra amministrazione compia passi decisivi in questa direzione come ha fatto con *altri gravi problemi internazionali in passato. Nel frattempo tuttavia sembra ragionevole preparare l'agricoltura e l'industria a possibili alternative e costituire riserve.*

Potrebbe anche essere utile che l'Amministrazione tenga conto del fatto che l'Unione Sovietica, con gruppi più ampi che monitorano i cambiamenti climatici nell'artico e in Siberia, potrebbe prendere in considerazione questi aspetti nelle sue mosse internazionali.

Distinti saluti,

George J. Kula
Lamont Doherty Geological Observatory

R.K. Matthews, Chairman
Department of Geological Sciences

Le glaciazioni furono comprese nel 18° secolo, quando ampie osservazioni mostrarono che ghiacciai continentali avevano coperto gran parte dell'Europa, del Nord America e della Siberia.

Sono state rilevate la posizione e l'orientamento delle morene, delle striature e del flusso del ghiaccio e sono state compilate mappe dettagliate dell'estensione delle calotte di ghiaccio, della loro direzione e dei sistemi di canali delle acque di fusione. Ciò ha permesso di decifrare una storia fatta di più glaciazioni e periodi interglaciali.

Il ghiaccio mantiene le stesse proprietà chimiche che erano presenti quando è caduta la neve. Nelle "carote di ghiaccio" è possibile distinguere gli anni in modo simile agli anelli di un tronco d'albero. Le bolle d'aria intrappolate in questi anelli di ghiaccio consentono di determinare le variazioni di metano, anidride carbonica, temperatura e polvere dovute a eruzioni vulcaniche.

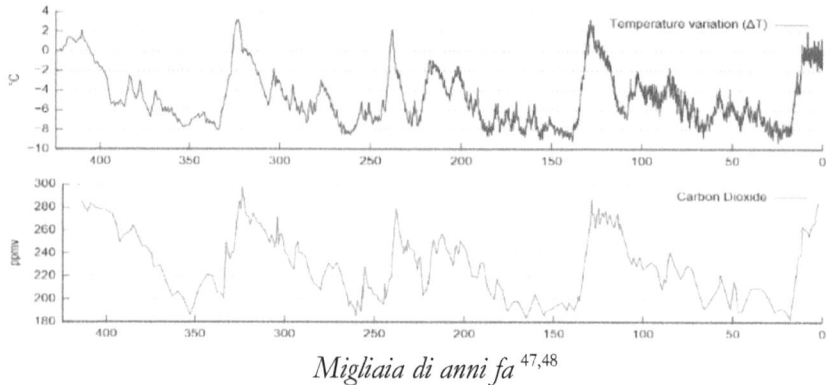

Migliaia di anni fa [47,48]

Le "carote di ghiaccio" dell'Antartide consentono di ricostruire informazioni sulle temperature, l'anidride carbonica e la composizione atmosferica, per l'intero periodo del *Quaternario*.

Nel grafico vediamo l'andamento della CO_2 e delle temperature fino a 400 mila anni fa. Ci troviamo alla destra e più ci muoviamo a sinistra, più torniamo indietro nel tempo, fino a raggiungere quattrocentomila anni fa.

Le glaciazioni sono iniziate 2,58 milioni di anni fa, con il raffreddamento del Sole e da allora si alternano periodi freddi e caldi.

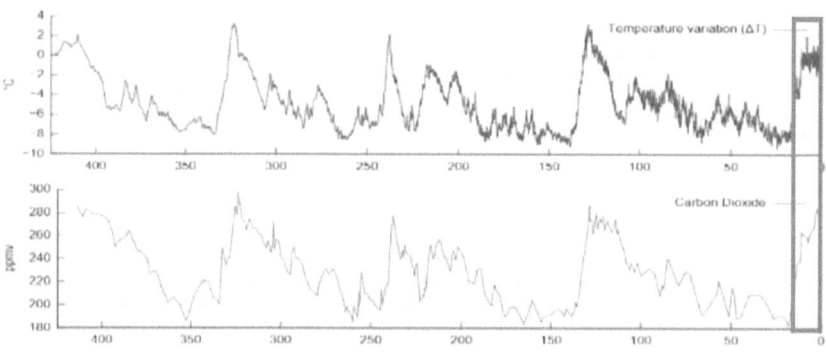

Ogni periodo caldo interglaciale è associato all'aumento delle

[47] en.wikipedia.org/wiki/Ice_age#/media/File:Vostok_Petit_data.svg
[48] cdiac.ornl.gov/images/air_bubbles_historical.jpg
cdiac.ornl.gov/trends/co2/ice_core_co2.html

temperature e all'aumento dei livelli di CO_2. I dati mostrano che le temperature aumentano prima della CO_2. Ciò significa che la CO_2 non è la causa dell'aumento delle temperature ma è una conseguenza. Nei periodi caldi l'acqua diventa abbondante e le condizioni sono di nuovo favorevoli per la vita. Poiché la vita si basa sul carbonio, la CO_2 aumenta. La CO_2 è una manifestazione della vita: combattere la CO_2 significa combattere la vita!

Lo scenario è abbastanza semplice! Le temperature crollano durante l'era glaciale. Il raffreddamento è inizialmente rallentato dagli alti livelli di CO_2. Ma quando la vita muore a causa del ghiaccio, i livelli di CO_2 diminuiscono e le calotte di ghiaccio si espandono raggiungendo uno spessore di 4 chilometri nei punti di massima accumulazione in Europa, America e Siberia, e portando i livelli degli oceani a scendere di circa 150 metri. A questo punto, la vita è possibile solo nella cintura equatoriale e, più precisamente, nelle terre che in precedenza erano ricoperte dagli oceani.

Alla fine dell'era glaciale, le temperature aumentano improvvisamente. Le calotte glaciali si sciolgono in enormi laghi interglaciali. Le sponde di questi laghi si rompono improvvisamente, riversando immense quantità di acqua negli oceani che si innalzano per decine di metri alla volta. Le civiltà sopravvissute vengono spazzate via. Racconti di queste inondazioni si ritrovano in tutte le culture e risalgono a circa 12.000 anni fa. Il periodo caldo in cui ci troviamo ora è iniziato 11.700 anni fa.

Negli anni 1920 Milutin Milankovitch, un geofisico e astronomo serbo, suggerì che i cambiamenti orbitali potessero causare un raffreddamento periodico della Terra, con i periodi più freddi che si verificano ogni 41.000 anni. Milankovitch sosteneva che i cambiamenti orbitali della Terra fossero la causa delle glaciazioni. L'eccentricità orbitale della Terra cambia secondo un ciclo di circa 100.000 anni e l'asse di inclinazione varia periodicamente tra 22° e 24,5° dopo un ciclo di 41.000 anni. L'asse di inclinazione è responsabile delle stagioni; maggiore è l'inclinazione, maggiore è il contrasto tra le temperature estive e invernali. La precessione degli equinozi e le oscillazioni dell'asse di rotazione hanno una periodicità di 26.000 anni. Il modello di Milankovitch spiega i cambiamenti nel contrasto tra le stagioni, e questi cambiamenti sono confermati dai sedimenti oceanici e dai fossili, ma l'esposizione complessiva al Sole rimane la stessa e questo non spiega le glaciazioni. I cicli astronomici esistono da milioni di anni, mentre le glaciazioni sono iniziate 2,58 milioni di anni fa. I cambiamenti orbitali non sono quindi la causa delle glaciazioni!

Un'altra teoria[49] sostiene che la riduzione di CO_2, un gas che provoca l'effetto serra causa il raffreddamento e le glaciazioni a lungo termine. Ma i dati mostrano che la diminuzione della CO_2 inizia dopo che le temperature scendono. La CO_2 non è la causa, ma la conseguenza.

È stato recentemente scoperto che le emissioni solari non sono costanti e che questa variabilità è correlata ai cicli delle glaciazioni.

I cicli solari furono scoperti nel 1843 da Samuel Heinrich Schwabe, che dopo 17 anni di osservazioni notò un cambiamento periodico nel numero medio di macchie solari in una progressione che segue un periodo di 11 anni. Gli scienziati erano perplessi dal fatto che ogni ciclo fosse un po' diverso. Nessuno dei modelli riusciva a spiegare queste fluttuazioni.

Nel 2015, Valentina Zharkova ha scoperto che queste fluttuazioni sono causate da un doppio effetto dinamo tra due strati del Sole, uno vicino alla superficie e uno profondo nella sua area di convezione. Questo modello ricostruisce le irregolarità passate e prevede cosa accadrà in futuro.

"Abbiamo trovato onde magnetiche che appaiono a coppie, originate da due diversi strati all'interno del Sole. Entrambi questi strati hanno un ciclo di circa 11 anni, ma sono leggermente fuori fase. Durante ogni ciclo, le onde fluttuano tra gli emisferi nord e sud del Sole. Combinando queste onde e confrontandole con i dati reali per i precedenti cicli solari, abbiamo scoperto che le nostre

---

[49] Pagani, M. et. all., (2011), *The Role of Carbon Dioxide During the Onset of Antarctic Glaciation*, Science. 334 (6060): 1261–4.

previsioni sono accurate al 97%."[50]

Usando questo modello per predire il futuro vediamo che le coppie di onde diventeranno sempre più sfasate durante il ciclo 25, che raggiunge il suo picco nel 2022. Nel ciclo 26, che copre il decennio dal 2030 al 2040, le coppie di onde diventeranno totalmente fuori fase e ciò causerà una significativa riduzione delle emissioni solari.

"Nel ciclo 26, le coppie di onde sono in opposizione l'una all'altra, con il loro picco allo stesso tempo ma in emisferi opposti del Sole. La loro interferenza sarà distruttiva e si annulleranno a vicenda ... quando le onde sono in fase, possono mostrare una forte risonanza e abbiamo una forte attività solare. Quando sono fuori fase, abbiamo i minimi solari."

Il Sole ha iniziato a ridurre le sue emissioni. Ciò si era visto l'ultima volta nella mini era glaciale che ebbe luogo tra il 1645 e il 1715, un periodo noto come il minimo di Maunder quando le temperature diminuirono a livello globale di 1,3 gradi Celsius, portando a stagioni più brevi e a carenza di cibo.

Il modello di Zharkova prevede però un calo del 60% dell'attività solare a partire dal periodo 2030-2040. Questa riduzione interferirà con la corrente del Golfo, la corrente di aria e acqua calda che mantiene alte le temperature del Nord Europa e soprattutto della Gran Bretagna.

La forte riduzione delle temperature aumenterà la neve e la formazione di ghiaccio incrementando l'albedo che rifletterà nello spazio il calore del Sole, riducendo ulteriormente le temperature.

Quando le emissioni solari diminuiscono, lo scudo magnetico che protegge il pianeta si indebolisce e i raggi cosmici entrano nel nucleo, attivando il magma e provocando terremoti ed eruzioni vulcaniche.

Nei fondali oceanici abbiamo più di un milione di vulcani, contro i 15.000 che si trovano sulla superfice terrestre. Il magma emesso dai

---

[50] Royal Astronomical Society – *Irregular heartbeat of the Sun driven by double dynamo* https://www.ras.org.uk/news-and-press/2680-irregular-heartbeat-of-the-sun-driven-by-double-dynamo

vulcani sottomarini aumenta la temperatura degli oceani, e ciò provoca condizioni meteorologiche estreme, come uragani e violente piogge torrenziali.

Le glaciazioni hanno creato più laghi di tutti gli altri processi geologici messi assieme. La superficie su cui si muove il ghiacciaio viene erosa, lasciando una miriade di depressioni non drenate. Queste depressioni si riempiono di acqua e diventano laghi. In Nord America e in Europa la calotta glaciale raggiungeva i 4 km di spessore e il peso ha abbassato la crosta terrestre.

Quando al termine dell'era glaciale il ghiaccio ha iniziato a sciogliersi, la crosta terrestre ha iniziato a rimbalzare producendo pendii e formando bacini di grandi dimensioni, come il Mar Baltico e i Grandi Laghi del Nord America. I numerosi laghi canadesi, della Svezia e della Finlandia hanno avuto origine, almeno in parte, dall'opera delle calotte glaciali.

Le condizioni climatiche che causano le glaciazioni hanno un effetto sulle regioni aride e semiaride. Le maggiori precipitazioni che alimentano i ghiacciai determinano la formazione e lo sviluppo di grandi laghi pluviali che si sviluppano in regioni relativamente aride, dove non vi era pioggia sufficiente per stabilire un sistema di drenaggio.

In Canada, il peso del ghiaccio ha creato una vasta depressione attorno alla baia di Hudson che adesso si trova sotto il livello del mare. Lo stesso è accaduto in Europa per il Mar Baltico.

Con lo scioglimento dei ghiacci la crosta terrestre rimbalza, provocando terremoti unici perché non associati alla tettonica a placche. Il sollevamento della crosta terrestre avviene in due fasi. La prima è elastica e veloce e può arrivare a diverse centinaia di metri, la seconda è lenta. Oggi, i tassi di sollevamento tipici sono nell'ordine di 1 cm all'anno o meno.

Le calotte glaciali erano così pesanti da raggiungere il fondo del mare e bloccare il passaggio dell'acqua e delle correnti oceaniche.

L'aumento delle temperature dalla fine dell'ultima glaciazione ha portato ad un innalzamento del livello del mare di circa 130 metri che negli ultimi 6000 anni è rimasto relativamente stabile.

L'anidride carbonica (CO_2), prodotta dalla vita, dalla respirazione, dalla decomposizione di piante ed animali, dalla combustione di legna, carbone, petrolio e gas, è necessaria per far crescere alberi e vegetazione. Insieme all'acqua, la CO_2 è l'essenza stessa della vita! La vita muore con il ghiaccio e muore in assenza di CO_2!

La CO_2 intrappola il calore e questo è essenziale per contrastare le basse temperature. Senza questa calda ed invisibile coperta che avvolge il pianeta, la temperatura media sarebbe di 18 gradi inferiore e la vita non potrebbe esistere. Tuttavia, i dati mostrano che la CO_2 non è mai riuscita a compensare il calo delle temperature dovuto alle ere glaciali.

Nelle precedenti ere interglaciali i livelli della CO_2 erano simili o superiori a quelli attuali. Ciò indica che oltre a fonti naturali di CO_2 erano presenti anche fonti industriali. Gli alti livelli di CO_2 dei precedenti periodi interglaciali indica l'esistenza di antiche civiltà preglaciali, industrializzate. Anche se difficile da accettare sembra che nessuna di queste civiltà sia riuscita a superare l'era glaciale.

Ci sono tracce di queste civiltà?

Molte scoperte archeologiche rimangono un enigma per gli esperti. Queste sono chiamate OOPARTS dall'inglese *"out of place artifacts"*. Gli artefatti che sfidano la cronologia convenzionale sono o troppo avanzati per il livello di civiltà esistente in quel momento, o mostrano una presenza intelligente prima degli esseri umani.

Nel libro *"The Ancient Giants Who Ruled America: The Missing Skeletons and the Great Smithsonian Cover-Up"*[51] Richard Dewhurst presenta prove di un'antica razza di giganti in Nord America e dell'occultamento da parte dello Smithsonian Institution.

Sono stati rinvenuti migliaia di scheletri di giganti, in particolare nella valle del Mississippi. Il libro include più di 100 fotografie e illustrazioni e mostra che lo Smithsonian Institution arrivava, prendeva

---

[51] Dewhurst R.J., *The Ancient giants Who Ruled America: The Missing Skeletons and the Great –Smithsonian Cover-Up*
https://www.amazon.com/gp/product/1591431719

gli scheletri per ulteriori studi e li faceva sparire.

In alcuni casi, erano coinvolte altre istituzioni governative. Ma il risultato era sempre lo stesso: gli scheletri venivano rimossi e scomparivano per sempre.

Perché?

OOPARTS e le civiltà pre-glaciali contraddicono la narrazione secondo la quale siamo la prima civiltà su questo pianeta e contraddicono la narrazione dell'evoluzione che avviene per effetto del caso e per la lotta per la sopravvivenza. Su questa visione si basa il sistema socio-economico occidentale.

Le OOPARTS mostrano, invece, che la vita è guidata da attrattori, verso cooperazione e unità e che l'estinzione non esiste: gli attrattori continuano ad esistere e si manifestano sul piano fisico quando le condizioni sono di nuovo favorevoli.

IL DARWINISMO SOCIALE

Thomas Robert Malthus (1766-1834) nel *Saggio sul principio di popolazione*,[52] pubblicato nel 1798, affermava che ogni venticinque anni la popolazione cresceva secondo una proporzione geometrica (1, 2, 4, 8, 16, 32, 64, 128, 256…), mentre la quantità di cibo secondo una proporzione aritmetica (1, 2, 3, 4, 5, 6, 7, 8, 9…); quindi, mentre la popolazione raddoppia, le risorse alimentari mostrano un aumento molto più modesto. Di conseguenza, da lì a 300 anni la proporzione tra popolazione e risorse alimentari sarebbe stata 4.096 a 13. Secondo questa affermazione le risorse non sarebbero state sufficienti rispetto alla crescita rapida della popolazione e, quindi, era essenziale intraprendere una seria lotta alla sopravvivenza.

Malthus riteneva che si dovesse arrestare questa rapida crescita della popolazione; a tal fine le carestie e la malattia erano i due strumenti principali di controllo della popolazione. La fame, le epidemie, ma anche lo sterminio dei neonati e le guerre avrebbero contribuito a tenere sotto controllo la popolazione, bilanciando in questo modo la popolazione e le derrate alimentari. Malthus propose provvedimenti da adottare nei confronti delle coppie meno abbienti per evitare che si riproducessero. Provvedimenti che si tradussero in Inghilterra in leggi come gli "ospizi" speciali per i poveri dove veniva impedito alle coppie sposate di concepire, allo scopo di ridurre la crescita della popolazione meno abbiente.

Dopo la rivoluzione francese, l'aristocrazia inglese temeva di perdere i propri privilegi e di dover cedere il proprio status e potere alle classi lavoratrici. Le idee di Malthus divennero popolari e si diffuse la convinzione che la società del futuro dovesse consistere in una cospicua presenza di ricchi e in una quasi assenza di poveri e che tale

---

[52] Malthus T.R. 1798, *An Essay on the principle of population as it affects the future improvement of society*, Reprint, London: Reeves and Turner, 1878.

obiettivo si sarebbe raggiunto eliminando ed opprimendo i poveri e i bisognosi.

"Invece di raccomandare la pulizia dei poveri, dovremmo incoraggiare i comportamenti inversi. Nelle nostre città dovremmo restringere le strade, affollare le case con più persone e augurarci il ritorno della peste. Nel Paese andrebbero costruiti villaggi vicino alle paludi e, in particolare, fomentare gli insediamenti in tutti i luoghi acquitrinosi e malsani. Ma, soprattutto, dovremmo contrastare i rimedi specifici per eliminare le malattie e quegli uomini benevolenti ma stolti, che hanno pensato di rendere un servizio all'umanità progettando dei sistemi per l'estirpazione totale di disturbi particolari."

Gli aristocratici si convinsero che fosse necessario indebolire "la classe inferiore", tenendola sotto controllo, opprimendola e sfruttandola. Malthus aveva fornito un motivo "scientifico" con il quale si giustificava il perché si dovesse bloccare la moltiplicazione degli *"ordini inferiori"*.

"Siamo formalmente troppo legati alla giustizia e all'onore per negare ai poveri il diritto di essere assistiti. A questo scopo, propongo di promulgare una legge che preveda che nessun bambino (...) abbia il diritto di ricevere assistenza. Il bambino offre poco valore alla società poiché altri prenderebbero immediatamente il suo posto (...) Tutti i bambini nati in più rispetto a quanto previsto per portare la popolazione a questo livello devono necessariamente morire, a meno che non siano le persone anziane che muoiono a fare loro spazio."

Le tesi di Malthus contribuirono alla promulgazione di leggi oppressive che peggiorarono le condizioni già critiche dei poveri in Inghilterra e servirono come base per molte ideologie nei secoli successivi. Herbert Spencer (1820-1903), sociologo e filosofo inglese, partendo dalle tesi di Malthus propose nel libro *Social Statistic* (1851) i concetti di lotta per la sopravvivenza e di selezione naturale dai quali elaborò un sistema di pensiero che si discostava da quello riformatore e progressista degli altri esponenti del positivismo (ad esempio quello di Stuart Mill). Spencer sostenne, infatti, che la storia non è fatta dagli uomini (e dalla loro libera scelta), ma dalla biologia, che destina ciascuno ad occupare determinati posti nella società. I posti sono assegnati ad ognuno di noi dalla natura già alla nascita, con le inevitabili disuguaglianze e gli immancabili antagonismi. Le implicazioni sul piano socio-politico di questa teoria sono molto gravi: la realtà non può essere cambiata dai singoli ed è inutile e sbagliato perdere tempo a cercare di modificarla. I singoli devono accontentarsi di quello che hanno. Herbert Spencer fu il primo a formulare il concetto di "sopravvivenza dei più adatti" e dichiarò che gli "inadatti" dovevano essere eliminati:

"Se sono sufficientemente idonei per vivere, vivono, ed è un bene che vivano. Se non sono sufficientemente idonei per vivere, muoiono, ed è meglio che muoiano."[53]

Secondo la sua opinione, i poveri, gli ignoranti, gli infermi, gli storpi e i falliti dovevano morire e tentò di intromettersi nella politica inglese per evitare che venissero emanate leggi a tutela dei poveri, deplorando non solo le leggi per i poveri, ma anche l'istruzione a spese dello Stato, la sorveglianza sanitaria, la regolamentazione delle condizioni abitative e persino la tutela statale degli ignoranti contro i medici ciarlatani.

Nella sua autobiografia Charles Darwin scrive:

"Nell'ottobre del 1838, ossia quindici mesi dopo aver iniziato la mia indagine sistematica, mi capitò di leggere per diletto il Saggio di Malthus, ed essendo ben preparato a comprendere la lotta per l'esistenza che trapela ovunque dall'osservazione continua delle abitudini di piante e animali, tutto a un tratto mi colpì che, in tali circostanze, le variazioni favorevoli tendevano ad essere preservate, quelle sfavorevoli ad essere eliminate. Il risultato sarebbe la formazione di nuove specie. Avevo finalmente una teoria con cui lavorare."[54]

---

[53] Spencer H 1851, *Social Statics*, Chapman, London.
[54] de Beer G 1963, *Charles Darwin*, London: Thomas Nelson & Sons.

I concetti di evoluzione per selezione naturale e di lotta per la sopravvivenza presero forma dopo aver letto i lavori di Malthus e Spencer e in *L'origine della Specie*[55] Darwin ammise di aver accettato appieno le idee di Malthus:

"Non c'è eccezione alla regola secondo cui ogni essere organico aumenta naturalmente a un ritmo così elevato, che, se non distrutto, la Terra sarebbe presto coperta dalla progenie di una singola coppia. Anche l'uomo di lenta riproduzione si è raddoppiato in venticinque anni, e a questo ritmo, in meno di mille anni, non ci sarà letteralmente posto per la sua progenie" (Malthus, 1798).

Darwin descriveva così la teoria di Malthus della selezione naturale:

"Dal momento che vengono prodotti più individui di quanti ne possano sopravvivere, deve esserci per forza una lotta per la sopravvivenza, un individuo con un altro della stessa specie o con individui di specie diverse, o con le condizioni fisiche della vita. È la dottrina di Malthus applicata con una forza diversa all'intero regno animale e vegetale."

Darwin fornì alle idee di Malthus e Spencer quella "scientificità" che servì a tradurle in una dottrina sociale: il *darwinismo sociale*. Secondo questa dottrina i caratteri innati (l'ereditarietà) hanno un ruolo preponderante in rapporto ai caratteri acquisiti (l'educazione) e le lotte civili, le ineguaglianze sociali e le guerre di conquista non sono altro che l'applicazione alla specie umana della selezione naturale. Elemento del darwinismo sociale è l'evoluzionismo antropologico, secondo il quale vi è una spiegazione biologica alle disparità osservate: i popoli e gli individui meno adattati alla lotta per la sopravvivenza devono rimanere relegati allo stadio primitivo. Questa ideologia servì a giustificare, sul piano politico, il colonialismo, l'eugenetica, il fascismo, il nazismo e il capitalismo selvaggio:

---

[55] Darwin C 1859, *On the Origin of Species by Means of Natural Selection*, London, 2nd edition 1964, Cambridge: Harvard University Press.

- *Colonialismo*. La dottrina del darwinismo sociale servì per giustificare lo sfruttamento selvaggio delle popolazioni native. Era legittimo, una legge di natura, che le razze superiori tenessero oppresse le razze inferiori. Le guerre divennero eventi inevitabili come l'assassinio di innocenti e poveri, e la distruzione delle loro case, attività e capi di bestiame, l'abbandono forzato per milioni di persone di case e terreni, l'omicidio di neonati e bambini, divennero modi per garantire il progresso umano.

- *Eugenetica*. Formulata dal cugino di Darwin, Francis Galton, l'eugenetica parte dal presupposto che le comunità possono selezionare individui di qualità superiore tramite un processo di epurazione dei geni difettosi. Sulla base di queste idee vennero sterminati ebrei, zingari ed europei dell'Est, considerati appartenenti a razze inferiori. Vennero assassinati malati mentali, disabili e anziani. Credendo che lo sviluppo umano potesse accelerarsi, i seguaci di Galton sostenevano che fosse necessaria una selezione umana per sveltire quella naturale. Inflissero così la sterilizzazione obbligatoria ai soggetti "inutili" considerati meno che umani.

- *Nazismo*. L'applicazione più crudele dell'eugenetica si verificò nella Germania nazista, dove vennero inizialmente sterilizzati e poi eliminati storpi, malati mentali e soggetti affetti da malattie ereditarie e centinaia di migliaia di persone vennero condannate a morte solo perché anziane o mutilate. Il darwinismo sociale si sviluppò soprattutto in Germania, dove lo scontro fra le nazioni giovani, come veniva vista la Germania stessa piena di vitalità, e le nazioni vecchie, come la Francia, fu considerato un'inevitabile giustificazione della guerra. La vitalità di una nazione si deduceva quasi esclusivamente dalla sua crescita demografia: più una nazione era feconda, più essa sarebbe stata forte. Così, la Russia ed i popoli slavi in generale facevano paura a causa della naturale crescita della loro popolazione, in quanto si sarebbe giunti inevitabilmente ad una resa dei conti violenta. I nazisti tentarono di far passare come legge naturale l'oppressione dei deboli, dei poveri e delle razze "inferiori", l'eliminazione degli invalidi, la sottomissione delle piccole imprese, dando adito a pensare che quello fosse l'unico modo per far progredire l'umanità. Cercarono di giustificare tutte le ingiustizie perpetrate con spiegazioni scientifiche. La mancanza di compassione era descritta come una legge della natura e la strada principale per arrivare all'evoluzione.

Andrew Carnegie (1835-1919) in un suo discorso del 1889 affermò:

"Il prezzo che la società paga per la legge della competizione, così come il prezzo che paga per i comfort economici e per i beni di lusso, è alto; ma i vantaggi di questa legge sono maggiori dei suoi costi – ed è a questa legge che dobbiamo il nostro meraviglioso sviluppo materiale, che porta con sé condizioni ottimizzate. Mentre per gli individui questa legge può essere dura, per la razza è un bene poiché assicura la sopravvivenza dei più adatti in ogni settore. Accettiamo e sosteniamo, quindi, come condizioni a cui dobbiamo adeguarci, la grande disuguaglianza dell'ambiente, la concentrazione di affari, industriali e commerciali, nelle mani di pochi; e la legge della competizione tra questi, non soltanto come vantaggioso, ma essenziale per il futuro progresso della razza."

Stando al darwinismo sociale l'unico obiettivo della razza è il proprio sviluppo fisico, economico e politico. La felicità dell'individuo, il benessere, la pace, la sicurezza sembrano non avere alcuna importanza. Non si prova alcun tipo di compassione verso chi soffre e chi implora aiuto, verso chi non può provvedere ai figli, ai genitori anziani e alle famiglie senza alloggio, cibo e medicine, verso i poveri e gli inermi. Secondo questa visione anche un povero ma onesto cittadino non ha alcun valore e la sua morte va a beneficio dell'umanità. Al contrario, una persona ricca ma moralmente corrotta viene ritenuta "importante" per il "progresso della razza" e, a prescindere dalle condizioni, è considerata inestimabile. Questa logica spinge i sostenitori del darwinismo sociale verso il crollo morale ed etico e, quando una società subisce la degenerazione morale, l'economia liberale si trasforma in "capitalismo selvaggio" in cui i poveri e gli emarginati vengono oppressi e non ricevono alcun aiuto, non vengono adottati programmi di assistenza sociale e l'ingiustizia non viene vista come problema ma come questione "naturale".

Il darwinismo sociale fornì presunte basi scientifiche al "capitalismo selvaggio" che caratterizza tuttora l'economia planetaria. Il capitalismo selvaggio non tutela le imprese più deboli (e gli individui più deboli) dal rischio di essere soffocate, sfruttate e fatte fuori. Questa filosofia è riassunta nel detto "il pesce grande mangia quello piccolo" dove le piccole imprese vengono eliminate (o acquisite) da quelle più grandi.

Furono inizialmente gli americani ad applicare le pratiche darwiniste al mondo degli affari. Questi credevano che il darwinismo e "la sopravvivenza dei più adatti" giustificasse in qualche modo le loro politiche selvagge. Il risultato fu l'inizio di una feroce competizione negli affari che poteva, legittimamente, culminare persino nell'omicidio. I numerosi scandali finanziari degli ultimi anni ricordano il periodo alla fine del XIX secolo, segnato dalla dittatura economica e sociale e noto negli Stati Uniti come il periodo dei "baroni ladri". Durante questo periodo il capitalismo selvaggio non cessò di far ricorso allo Stato, al Presidente, al Congresso, alla Corte suprema e ai due principali partiti, per reprimere le rivolte sociali. L'unico scopo era quello di ricavare più soldi e potere possibili. Il capitalismo selvaggio dei "baroni ladri" non aveva alcun interesse nel benessere sociale, nemmeno di quello dei propri lavoratori. Milioni di vite furono rovinate da salari estremamente esigui, dallo sconvolgimento delle condizioni lavorative e da ore di lavoro prolungate. La mancanza di precauzioni di sicurezza fece sì che molti lavoratori cadessero malati, restassero feriti o addirittura morissero.

Con la rivoluzione industriale i datori di lavoro non davano alcuna importanza al valore della vita umana (soprattutto a quella dei propri lavoratori), ignorando qualsiasi forma di sicurezza sul lavoro e causando il moltiplicarsi degli incidenti. Nei primi anni del XX secolo, negli Stati Uniti, oltre un milione di lavoratori ogni anno rimaneva vittima di incidenti, restava mutilati o si ammalavano. Per i lavoratori che trascorrevano la vita in fabbrica, la perdita di un arto o di un organo era quasi inevitabile. Durante la vita lavorativa, più della metà dei lavoratori si ammalava, si feriva gravemente restando mutilato, perdendo la vista o l'udito. Sebbene fossero consapevoli delle condizioni disumane e degli incidenti che accadevano, i datori di lavoro non prendevano alcun provvedimento per migliorare le condizioni in quanto non attribuivano alcun valore alla vita umana, ritenuta sacrificabile.

Carnegie pensava che la competizione fosse una legge biologica inevitabile e su questa convinzione basò la propria filosofia. Egli affermò che "nonostante la legge della competizione complicasse la situazione ad alcuni, era un bene per la razza poiché assicurava la sopravvivenza dei più adatti in ogni settore". Carnegie venne a conoscenza del darwinismo sociale in casa di un professore della New York University dove incontrò Herbert Spencer. Gli uomini d'affari adottarono il pensiero di Spencer:

"La competizione imprenditoriale rende un servizio alla società eliminando gli elementi più deboli. Coloro che sopravvivono negli affari sono "adatti" e quindi meritano la posizione e le ricompense che hanno."

Il darwinismo sociale diventò l'ideologia economica dominante, lo stesso John D. Rockefeller affermò:

"la crescita di una grande azienda non è che una sopravvivenza dei più adatti (…) il risultato di una legge della natura."[56]

Ritenendo che solo i ricchi e i potenti avessero il diritto di vivere e che i poveri, i deboli, gli storpi e i malati fossero dei "fardelli inutili", i "baroni ladri" crearono sistemi oppressivi in un clima di competizione selvaggia dove si giustificava lo sfruttamento, l'intimidazione, i soprusi, la violazione e persino la morte dei lavoratori. Questi sistemi non

---

[56] Ghent W 1902 , *Our Benevolent Feudalism*, New York: Macmillan.

venivano condannati o ritenuti immorali o illegali poiché erano considerati una diretta conseguenza delle leggi della natura.

In una lettera a Charles Kingsley, Darwin descrive i nativi della Terra del Fuoco:

"Quando vidi un selvaggio nudo, truccato, spaventoso e orrendo nella Terra del Fuoco, il pensiero che i miei avi potessero essere in qualche modo simili a lui in quel momento fu così rivoltante, anzi più rivoltante, del mio attuale credere di aver avuto una bestia pelosa per antenato di gran lunga più remoto."

In *L'origine dell'uomo* Darwin dichiarò che alcune razze (neri e aborigeni), fossero inferiori e che, a tempo debito, sarebbero state eliminate e sarebbero scomparse nella lotta alla sopravvivenza:

"In un futuro non molto distante in termini di secoli, le razze civilizzate dell'uomo quasi certamente stermineranno e rimpiazzeranno quelle selvagge in tutto il mondo. Senza dubbio, verranno sterminate contemporaneamente le scimmie antropomorfe. Il divario tra l'uomo e i suoi affini più prossimi sarà allora più ampio, poiché si interporrà tra l'uomo in uno stato più civilizzato, come ci auguriamo, rispetto a quello caucasico, e alcune scimmie lente quanto i babbuini rispetto a quanto accade adesso tra il nero o l'australiano e il gorilla."

Darwin predisse che le *"razze umane civilizzate"* avrebbero eliminato le *"razze selvagge"* dalla faccia della Terra. In *The Origin of Species*, la teoria dell'evoluzione di Darwin ha fornito una base "scientifica" per la pulizia etnica che è stata effettuata negli anni a seguire.

Sostenuti dalla teoria di Darwin, gli europei hanno massacrato più di 40 milioni di persone durante la seconda guerra mondiale, giustificando l'apartheid, il razzismo contro i turchi e altri stranieri in Europa, contro i neri in America, in Australia contro gli aborigeni e dando l'avvio a movimenti neonazisti in vari paesi.

Nella dottrina di Darwin che considera la vita un prodotto del caso senza alcuno scopo e valore, l'amore è estraneo. La *British Eugenics Society*, fondata dal cugino di Darwin, Francis Galton, suo figlio

George, e Aldous e Julian, figli del suo grande amico Thomas Huxley, basava la loro visione su un'ipotesi che ignorava qualsiasi riferimento all'amore, alla cooperazione e all'unità. In *The Descent of Man* Darwin afferma che:

"Noi uomini civili ... facciamo del nostro meglio per verificare il processo di eliminazione. Costruiamo asili per gli idioti, i mutilati e i malati; istituiamo leggi per i poveri; e i nostri medici esercitano la loro massima abilità per salvare la vita di ognuno all'ultimo momento. Vi è motivo di ritenere che la vaccinazione abbia salvato migliaia di persone, che per la loro costituzione debole in precedenza sarebbero morte al vaiolo. Così i membri deboli delle società civili si propagano. Nessuno che abbia allevato animali dubiterà che ciò è altamente dannoso per la razza umana. È sorprendente quanto presto cure indirizzate erroneamente, portino alla degenerazione di una razza; ma ciò è accettato nel caso dell'uomo. Quasi nessun allevatore è così ignorante da permettere ai suoi animali peggiori di riprodursi."

CONSIDERAZIONI FINALI

Luigi Fantappiè descrisse in questo modo la sua Teoria unitaria ad un amico:

"Nei giorni antecedenti il Natale 1941, in seguito ad alcune discussioni con due colleghi, uno biologo e uno fisico, mi si svelò improvvisamente davanti agli occhi un nuovo immenso panorama, che cambiava radicalmente la visione scientifica dell'Universo, avuta in retaggio dai miei Maestri, e che avevo sempre ritenuto il terreno solido e definitivo, su cui ancorare le ulteriori ricerche, nel mio lavoro di uomo di scienza.

Tutto a un tratto vidi infatti la possibilità di interpretare opportunamente una immensa categoria di soluzioni (i cosiddetti "potenziali anticipati") delle equazioni (ondulatorie), che rappresentano le leggi fondamentali dell'Universo.

Tali soluzioni, che erano state sempre rigettate come "impossibili" dagli scienziati precedenti, mi apparvero invece come "possibili" immagini di fenomeni, che ho poi chiamato "sintropici", del tutto diversi da quelli fino allora considerati, o "entropici", e cioè dai fenomeni puramente meccanici, fisici o chimici, che obbediscono, come è noto, al principio di causalità (meccanica) e al principio del livellamento o dell'entropia.

I fenomeni "sintropici", invece, rappresentati da quelle strane soluzioni dei "potenziali anticipati", avrebbero dovuto obbedire ai due principi opposti della finalità (mossi da un "fine" futuro, e non da una causa passata) e della "differenziazione", oltre che della "non riproducibilità" in laboratorio.

Se questa ultima caratteristica spiegava il fatto che non erano mai stati prodotti in laboratorio altro che fenomeni dell'altro tipo (entropici), la loro struttura finalistica spiegava invece benissimo il loro rigetto "a priori" da parte di tanti scienziati, i quali accettavano senz'altro, a occhi chiusi, il principio, o meglio il pregiudizio, che il finalismo sia un principio "metafisico", estraneo alla Scienza e alla Natura stessa.

Con ciò essi venivano a priori a sbarrarsi la strada di un'indagine serena sulla effettiva possibilità di esistenza in natura di tali fenomeni, indagine che io mi sentii invece spinto a compiere da una attrazione irresistibile verso la Verità, anche se mi sentivo precipitare verso conclusioni così sconvolgenti, da farmi quasi paura; mi sembrava quasi, come avrebbero detto i Greci antichi, che lo stesso firmamento crollasse, o, per lo meno, il firmamento delle opinioni correnti della Scienza tradizionale.

Mi risultava infatti evidente che questi fenomeni "sintropici", e cioè "finalistici", di "differenziazione", "non riproducibili", esistevano effettivamente, riconoscendo fra essi, tipici, i fatti della vita, anche della nostra stessa vita psichica, e della vita sociale , con conseguenze tremende."

I segni di questo nuovo paradigma supercausale, che tiene conto delle proprietà invisibili e retrocausali della sintropia, sono visibili un po' dovunque, ma siamo appena all'inizio e ci sarà molto lavoro da fare.

NOTE

www.ingramcontent.com/pod-product-compliance
Lightning Source LLC
Chambersburg PA
CBHW021449210526
45463CB00002B/702